12,80

F. WEINREB: VOM SINN DES ERKRANKENS

LEB BAU
END STE
IGE INE

Band 16

Friedrich Weinreb

Vom Sinn des Erkrankens

Gesundsein und Krankwerden

2. Auflage

ORIGO VERLAG BERN

ISBN 3-282-00009-X

Vorwort

Gesundsein und Krankwerden; ich möchte das Thema einmal ganz anders behandeln. Denn ich glaube an den Sinn von beiden. Und ich möchte nicht erzählen, wie man gesund bleiben könnte, es sei durch Atemübungen, durch Jogastände oder durch Homöopathie, durch Erschlanken oder über Biochemie oder gar Akupunktur. Ich glaube nämlich, daß das gesundsein-Wollen dann zu einem Zwang wird, und dann ist man erst recht krank. Dann kommt die Angst, der Wahn, das Herzklopfen und der Zusammenbruch. Ich möchte den Menschen und die Welt beschreiben, so wie sie sind, gesund *und* krank. Es liegt mir fern, den Menschen wissenschaftlich zum ewigen Kranksein zu verdammen. Denn Kranksein könnte vielleicht doch einen Sinn haben, und dann stimmt der Ausdruck verdammen nicht mehr. Der Mensch ist nicht, wie Nietzsche es wollte, ein krankes Tier. Er ist vielmehr in seinem Kranksein ein göttliches Wesen, denn in diesem Kranksein leidet er, verzweifelt und hofft er. In seinem Kranksein kann er sogar an Wunder glauben. Und vielleicht ist er in seiner tiefsten Krise eben dem Wunder am nächsten.

Ich möchte auch nicht physisches Kranksein vom seelischen trennen. Damit meine ich nun wiederum nicht, irgendeiner Psychosomatik das Wort zu reden.

Was ich mir vornehme, ist die Quelle des Gesund- *und* des Krankseins aufzuspüren und vor allem ihren Sinn für das ganze Leben des Menschen. Da es mir nicht liegt, diese Phänomene nur von der naturwissenschaftlichen Seite her,— und darunter verstehe ich auch jegliche Naturheilkunde oder Yoga-Art —, zu beschreiben, möchte ich sie eher anthropologisch-philosophisch, aber dann auch vom ganzen Menschen her, untersuchen. Philosophisch bedeutet für mich hier nicht schwer, kompliziert, sondern einfach, für jeden Menschen verständlich, und so, daß nicht nur die rationale Seite des Menschen angesprochen wird, sondern auch die Seite seiner Empfindungen, seiner Erfahrungen, seiner ganzen Existenz. Ich fürchte mich dabei nicht, menschliche Erfahrungen aus anderen Zeiten als gleichwertig miteinzubeziehen. Denn der Mensch ist für mich eben als Mensch unveränderlich, wenn auch sein Wissen sich ändern kann oder die Art zu leben gewisse Entwicklungen erfährt. Ich möchte auch das Phänomen der Sprache in meine Untersuchungen mit einbeziehen. Denn in der Sprache drückt sich viel mehr aus als nur das „nützliche" Bedürfnis, ein Kommunikationsmittel zu besitzen. Kurzum, ich möchte menschliche Schau, mystisches Erlebnis. mythologische Mitteilungen genau so wichtig nehmen wie heutige Erfahrungen und moderne Errungenschaften. Der Mensch hat sich seit je schon mit Gesundsein und Kranksein auseinandersetzen müssen, er hat sich immer schon gefragt, was der Sinn des Lebens sei, und vor allem auch, der Sinn des Kranken, des Bösen, des Unglücks.

Ich glaube, die Welt der alten Hebräer, die doch eine der Wurzeln unserer heutigen Kultur bildet, kann uns hier manche neue Erkenntnis schenken. Vor allem, wenn man ihre Sprache und ihre Begriffe in die unserer modernen Welt übersetzt, ihr Denken heute, im Kleide unserer Welt, neu wieder denkt. Ich kenne mich in dieser Welt der alten Hebräer gut aus, und gerade deshalb glaube ich, Neues und vielleicht Wichtiges zum Thema des Gesund- und Krankseins beitragen zu können.

Die Ausführungen sind in einfacher, für jeden verständlichen Sprache gehalten. Das Thema fordert, daß jeder es verstehen kann. Denn gesund und krank, es geht jeden an.

Zürich, 15. August 1974 Friedrich Weinreb

I

Der gesunde Mensch ist der heile Mensch, der ganze. Deshalb spricht man doch auch vom Heilen, wenn es sich darum handelt, einem kranken Menschen zu helfen. Der Kranke ist der Zerbrochene, der, welcher seine Vollkommenheit verloren hat. Der Kranke ist der Mensch, bei welchem etwas ausgeklammert bleibt, und er weiß davon, daß er deshalb nicht heil ist, nicht ganz. Das ist schon sein Kranksein.

Wer ist aber der heile Mensch? Ist es der Mensch, der sich körperlich trainiert, der Mensch, der auf seine Nahrung achtet, der seine Hygiene umsorgt? Ich glaube, diese Menschen sind vielleicht wohl im allgemeinen gut funktionierende Apparate, sie sind aber als Mensch unvollkommen. Es zeigt sich in fehlendem Interesse an Fragen, welche sich auf den Sinn des Lebens beziehen, es zeigt sich in ihren ethischen und moralischen Maßstäben, die meistens nur auf das Nützliche ausgerichtet sind und deshalb diese Menschen zu den Versagern machen, wenn es sich um wirklich menschliche Angelegenheiten handelt.

Der gesunde Körper ist nicht identisch mit dem gesunden Menschen. Wie auch die heutige Zeit meist nur die Sorge um den gesunden Körper zeigt. Der nur körperlich, d.h. auch, der nur materiell interessierte Mensch, ist etwas Erschreckendes, etwas Schauderhaftes. Eine Welt, bevölkert von diesen Wesen, ist wie eine Welt voller intelligenter, aber eiskalter Roboter. Man sieht auch, daß diese Menschen oft sehr unglücklich leben, ohne Frieden, lustlos, und daß sie deshalb die Nervösen sind, die Neurotiker, daß sie die Aggressiven sind und die Depressiven.

Unser Zeitalter mit seiner Betonung des naturwissenschaftlich Bestimmbaren hat nur eine Art Weltansicht hervorgebracht, wo nur, oder fast nur, auf das körperliche Wohl geachtet wird. Das heißt dann „wissenschaftlich meßbar", das heißt dann „nützlich", „sinnvoll". Andere Werte werden als unwissenschaftlich deklassiert und in eine Region verbannt, die man nicht mehr wichtig nimmt, es sei denn in Ausnahmefällen, wo man in Ratlosigkeit oder in Trauer Zuflucht bei ihnen sucht. Sie bekommen dadurch auch die dunklen Töne aus diesen Gebieten. Der normale Mensch will sie deshalb lieber meiden.

Doch lebt im Menschen auch eine andere Wirklichkeit. Sie zeigt sich in seinen Gefühlen, in seinen Empfindungen, in seiner Sehnsucht, in Liebe, Hingabe, Glaube, Hoffnung. Alle diese Momente sind nicht meßbar. Sie sind nicht den Gesetzen der Kausalität unterworfen, sie sind deshalb auch zeitlos.

Solange man im Menschen nicht diese beiden Wirklichkeiten erkennt, hat man den ganzen Menschen zerbrochen, gespalten. Und dann hat man den Menschen schon zum Kranksein verdammt. Er ist dann nicht mehr heil. Wie kann man ihn aber heilen, wenn man trotzdem nur die eine Wirklichkeit kennt, die eine meßbare, wägbare, statistisch erfaßbare? Dann sind also alle Heilmethoden schon im Prinzip sinnlos, führen zu nichts. Das eine Kranksein wird verdrängt, das andere Kranksein kommt an seine Stelle usw. Noch niemals gab es so viele Menschen, die sich krank fühlten, lustlos und sinnlos.

II

Kann man von seelischer Gesundheit sprechen und sie einer körperlichen Gesundheit gegenüberstellen? Gibt es eine körperliche Wirklichkeit und eine seelische Wirklichkeit? Ja und nein.

Denn der Mensch bildet eben eine Einheit dieser beiden Wirklichkeiten, und dennoch stehen diese beiden Wirklichkeiten einander wie ein Paradoxon gegenüber. Es gibt hier für den Menschen kein „entweder-oder", doch ein kausal nicht zu bewältigendes „dies *und* jenes". Der Mensch kann naturwissenschaftlich erklärt und bestimmt, gemessen und behandelt werden, und zugleich entzieht er sich dem Naturwissenschaftlichen in einen akausalen Bereich, wo nichts bestimmt und nichts gemessen werden kann, wo er nicht behandelt, sondern eventuell geliebt oder ihm vertraut werden kann, wo nur Sehnsucht und Hingabe zählen. Und beides ist der Mensch, nicht das Eine *oder* das Andere.

Das Leben des Menschen ist die Spannung dieses Paradoxons. Es ist wie das Einatmen und das Ausatmen, wie das sich Öffnen und das sich Schliessen der Augen im Laufe der Sekunden, es ist wie Tag und Nacht, wie Wachen und Träumen, wie

Mann und Frau. So lebt der Mensch nicht entweder in der körperlichen oder in der seelischen Wirklichkeit, sondern in beiden. Und wenn man eine nicht berücksichtigt oder, wenn man so tut, als ob es nur eine gäbe, und z.B. die seelische Wirklichkeit mit den naturwissenschaftlichen Maßstäben zu erfassen und zu behandeln sucht, so zerbricht man den Menschen. Dann konzipiert man eben den sich krankfühlenden, den sich unglücklich und sich lustlos fühlenden Menschen unserer Gegenwart.

III

Es handelt sich darum, den Menschen als Einheit zu sehen, noch besser, ihn als Einheit zu erfahren, ihm als Einheit zu begegnen. Der Mensch sehnt sich nach Verständnis. Das ist sein Sehnen nach Gemeinschaft, nach Liebe. Dabei möchte er als Erscheinender erfahren werden, aber ebenso als Verborgener, als der mit dem Geheimnis, mit dem köstlichen Geheimnis seiner Einmaligkeit. Und eben in diesem Paradoxon von Erscheinung und von Verborgenheit wird er erst als Mensch in seiner Würde erkannt. Zeigt nicht sogar auch das Elementarteilchen ein paradoxes Fundament als Materielles, als Erscheinendes, *und* als *Nicht*-Materielles, als sich der Erscheinung gerade Entziehendes? Ist das nicht die Grundlage der ganzen Schöpfung? Ist das nicht das Licht und das Dunkel, das Gute und das Böse? Und sagt Gott nicht von sich selbst (Jes. 45, 7), daß er es ist, der das Licht *und* die Finsternis schafft, das Gute *und* das Böse?

Ein Rätsel für den Menschen, der nur kausal denken kann, der nur das „entweder-oder" kennt. Aber ein freudiges Abenteuer für den Menschen, der denkt *und* glaubt, zu gleicher Zeit, dessen Vernunft Glauben heißt, und dessen Glauben der Vernunft ihren Lebenssaft gibt.

Der heile Mensch ist der Mensch, lebend in beiden Wirklichkeiten und vor allem lebend in beiden Wirklichkeiten als in einer unzertrennbaren Einheit. Man kann im Menschen das Körperliche vom Seelischen nicht unterscheiden. Erkältung, Geschwüre, Einsamkeit, Freude, Angst, Liebe, Entzündungen, Glück, sie kommen alle aus diesem einen Menschen hervor, sie *sind* dieser eine Mensch.

So will der Mensch auch erkannt werden. Und in diesem Sinne kann der Mensch geheilt werden, wenn etwas bei ihm fehlt, wenn seiner Einheit ein Beteil fehlt. Der Bruch ist oft bei ihm der Bruch zwischen diesen beiden Wirklichkeiten. Es ist das Wuchern des Gesetzmäßigen, des Denkens, dort wo die Freiheit des Glaubens und der Gefühle herrschen sollten. Es ist aber auch das nicht Anerkennen des Körperlichen, des Gesetzmäßigen, und das Expandieren von Glauben und Gefühl, wo die materielle Tat ihren Ort hätte. Das eine ist nicht wichtiger als das andere, und das eine kann nicht an Stelle des anderen treten. Der Mensch zerstört diese Einheit beider Wirklichkeiten, indem er glaubt, er müsse da wählen, er könne das Eine oder das Andere behandeln, das Eine oder das Andere berücksichtigen. Man lasse die Einheit des Menschen. Sie ist seine Gesundheit, sie ist seine Heiligkeit. Damit ist der Mensch eben im Bilde Gottes.

Wer den Menschen liebt, erkennt ihn in seiner Einheit. Wer aber nur sich selber sucht und sich eigentlich vor dem Menschen ängstigt und ihn dadurch haßt, zerstört in ihm diese Einheit. Und wer beim anderen die Einheit zerbricht, verliert sie auch bei sich selbst. Ist der Nächste doch wie der Spiegel, worin man sich selber erkennt. Beide Seiten erfahren dann das Kranksein.

IV

Das alte biblische Wissen, das in jedem Menschen als Zeitloses in seinem Verborgenen lebt, weiß von diesen zwei Wirklichkeiten und von ihrer Einheit. Es kennt das Erscheinende und nennt es *Nefesch*, zu umschreiben mit unserem Begriffe „Leib", und es kennt das Verborgene, die *Neschama*, und ihr kann man dann vielleicht mit dem Begriff „Seele" am besten gerecht werden. Diese beiden, *Nefesch* und *Neschama*, stehen zu einander im gleichen Widerspruch wie das Erscheinende und das Verborgene, und dennoch bilden sie beide den Menschen. Mit nur einer von beiden wäre der Mensch eben kein Mensch, wäre er in seiner heilen Einheit angegriffen, wäre er zerbrochen.

Nun kennt dieses alte Wissen, diese tief im Menschen lebende Erkenntnis, auch die Spannung dieses Paradoxons, das Auf und Ab, und weiß, daß dadurch erst das Leben konstituiert wird, das Leben als Weg, als Bewegung, als Erfahrung. Fortwährend funktioniert die Verbindung, wodurch dieses Paradoxon eben Grundlage des Lebens ist. Aus dem Verborgenen pulsiert die Botschaft ins Erscheinende, und das Erscheinende sendet sein Erleben als Botschaft dem Verborgenen. Es ist wie die Entsprechung in allen

Erscheinungen im menschlichen Leben, wie das Ein- und Ausatmen, wie das Eindringen des Blutes ins Herz und das Hinausstoßen des Blutes aus dem Herzen, es ist wie das Licht und das Dunkel, wie das Gute und das Böse.

Durch diese Botschaften erst ist das Leben möglich. Sonst bliebe das Paradoxon nur als Gegensatz, womit sich nicht leben läßt, so wie wenn ein Mensch nicht zum Atmen käme oder der Kreislauf nicht in Bewegung geraten könnte.

Nun nennt das alte Wissen dieses Hin und Her, diese Bewegung, *Ruach*, und das könnte man vielleicht am besten mit dem Begriffe „Geist" erfassen. *Ruach* ist aber auch Wind, Richtung, also gerade das, was wir als Bewegung spüren.

Der Mensch gilt nun als Einheit dieser drei, wobei der *Ruach* eben diese Einheit lebensfähig macht. Durch den *Ruach* erfährt der Mensch in seinem Gegenwartsleben manches aus der Sphäre des Verborgenen. Der *Ruach* erbringt die Verbindung. Er kommt aus dem Unermeßlichen des Verborgenen und tritt ein in das Meßbare des Erscheinenden. Er kommt aus dem Zeitlosen, aus dem Akausalen, und begibt sich in das Gegenwärtige, in das Raum-Zeitliche, in das kausal Erfaßbare.

Es ist daher nicht möglich, den Weg des *Ruach* zu erforschen. Denn Erforschen braucht das Denken, und das Denken ist kausal. Man kann mit dem Denken nur bis zur Grenze des Erscheinenden; weiter, wenn man dann überhaupt noch von ,,weiter'' sprechen kann, versagt es. Dennoch aber gibt es die fortwährende Verbindung zwischen Leib und Seele, zwischen dem Erscheinenden, dem was wir als Leben erkennen und erfahren, und dem Verborgenen, dem was wir als das Göttliche spüren, den göttlichen Odem, wodurch der Mensch eben zum Gleichnis Gottes wird.

V

In unserer Sprache äußert sich diese Dualität natürlich auch. Das Wort ist doch sowohl ein Geheimnis, wie auch etwas kausal Verständliches. Das Wort ist göttlich, und es ist etwas vom Menschen Gebildetes, Benutztes, Erfaßtes.

Wenn wir sprechen, also etwas erzählen, dann sagen wir, ohne uns dessen bewußt zu sein, daß wir etwas *zählen*". Das gilt merkwürdigerweise keineswegs nur im Deutschen, sondern ebenso z.B. im Englischen, im Französischen, im Hebräischen. Wo aber „zählen" wir, und was „zählen" wir, wenn wir erzählen? Es sind doch lauter Laute, es sind doch verständliche und unverständliche Worte! Wo bleibt also das Zählen, wovon die Sprachen offenbar alle wissen und es auch nachdrücklich bemerken?

Man kann dieses Zählen in einer Ursprache, wie dem Hebräischen, noch verfolgen. Dort ist die Verbindung zwischen Laut und Verhältnis noch klar erkennbar. Die Reihenfolge des hebräischen Alphabets ist die Reihenfolge eben von den Zahlen. Woher aber kann das Phänomen, wodurch eine Erzählung tatsächlich ein exaktes, logisches Zahlengebäude ist, erklärt werden? Gewiß, wir wissen, daß der Kosmos ebenfalls ein Zahlengebäude ist, wir kennen die

Zahlenstruktur des Moleküls, des Atoms, wir lernen, daß die ganze Natur, das ganze Leben, eine merkwürdige Zahlenwelt ausdrückt. Das Leben drückt sich auch aus in gesetzmäßigen Zahlenzusammenhängen. Woher aber prägt es sich so stark in der Sprache aus, daß wir dort sogar die Zahlen zentral stellen bei unserem Sprechen, indem wir von „erzählen" sprechen? Wie erzählen wir dort, und wer oder was zeigt uns, wie wir dort zu zählen haben?

VI

Hier wohnt das Geheimnis des Verborgenen, das Geheimnis der Seele, des göttlichen Odems, das Geheimnis also der unserer erscheinenden Wirklichkeit gegenüberstehenden, verborgenen Wirklichkeit. Es ist eben der *Ruach* , der Geist also, der dieses, unser zeitloses Wissen, diese unsere göttliche Erkenntnis, diese Harmonie des Wortes, hinüberträgt in unsere Leibhaftigkeit, in unseren Mund, in unser kausales Verständnis. So wie die göttliche Weisheit sich in der wunderbaren Struktur der Natur ausdrückt, so drückt sie sich auch aus in den Worten der Menschen, in allen diesen vielen Tausenden von Sprachen. Und überall „erzählt" man, überall bringt man die wunderbare Struktur des göttlichen, bei Gott wohnenden Wortes hinüber aus der Wirklichkeit des Verborgenen in die Wirklichkeit des Erscheinenden.

Wer aber „zählt" dabei bewußt? Keiner wäre imstande etwas Sinnvolles zu sagen und zu gleicher Zeit die Proportionen der Worte, der Laute, zu berechnen und zusammenzufügen. Sogar Computer kämen dafür nicht in Betracht. Denn woher sollte der Computer eben die Ausdrücke kennen, die jede Sprache kennt und die schon ein gewaltiges Gebäude, unübersehbar und unermeßlich, vorstellt, Die Worte „kommen" eben dem Menschen. Beim Worte, bei der Sprache, erfährt der Mensch in voller Wucht die Anwesenheit dieser anderen Dimension, dieser anderen Wirklichkeit.

Deshalb könnte auch kein Mensch sagen, *er* spreche die Worte. Gewiß, er spricht sie aus, woher kommt ihm aber diese wunderbare Struktur, wodurch er auch sogar selber ausspricht, er „erzähle". Tatsächlich, sie kommt ihm. Und sie kommt ihm aus dieser anderen, aus dieser Wirklichkeit des Verborgenen, wo er mit seiner Seele bei Gott ist, im Zeitlosen ist. Also, nicht *er* spricht, nicht *er* in dieser Wirklichkeit des Erscheinenden, sondern es ist der Geist, der ihm die Laute in dieser Wirklichkeit bis ins unendlich kleine Detail bringt, wodurch er spricht und dabei der großen Harmonie der Schöpfung entspricht und zu gleicher Zeit also „zählt". Er erzählt, weil *es* ihn erzählen läßt. *Es,* ja eben dieses *Es* aus der Wirklichkeit des Verborgenen.

Hier sieht man die Verbindung beider Wirklichkeiten unentrinnbar. Von der Wirklichkeit des Verborgenen dringt es hinüber in die Wirklichkeit des Erscheinenden, und das Wort wird hier für uns Form, es wird Botschaft. Im Hebräischen ist das

Wort für Botschaft, *bessura*, vom gleichen Stamm wie das Wort für Fleisch, *bassar*. Der Stamm ist bei beiden Begriffen „b-s-r". Aus dem Bereich des Himlischen kommt mit dem Wort die Botschaft und wird hier Form, erhält hier seinen Leib, sein Leben.

VII

Man kann also nicht von der Wirklichkeit des Erscheinenden her das Zustandekommen dieses erzählenden Wortes erklären. Nicht der Mensch in seiner körperlichen Erscheinung macht das Wort, sondern das Wort kommt zu ihm aus seiner seelischen Verborgenheit. Von dort wird er inspiriert. Der Spiritus ist doch eben der Geist. Also kann man vielmehr sagen, „es" spricht von dort, „es", also unerklärlich, kausal nicht faßbar, aber dennoch Wirklichkeit, dennoch spürbar.

Dadurch hat das Wort doch auch solche Kraft. Es kann uns beglücken, es kann uns erfreuen, man kann mit dem Worte lachen oder weinen, man kann damit dichten oder langweilig reden, man kann mit dem Worte segnen oder fluchen, man kann wünschen und verwünschen. Das Wort enthält Leben, weil es eben aus der anderen Wirklichkeit in diese kommt und so, und damit, beide Wirklichkeiten vereint.

Doch nicht nur „spricht es sich". So „schreibt es sich" auch und „tut es sich" auch. Denn es gibt kein Gebiet des Lebens, aber auch bestimmt keines, wo nur die eine Wirklichkeit wäre. Die Schöpfung selber ist schon auf dem Prinzip der Dualität aufgebaut. Sie besteht aus Himmel und Erde, und die Welt ist die

Einheit von beiden. So ist beim Menschen entsprechend alles auch auf diese beiden Wirklichkeiten gebaut. Deshalb kann überhaupt nichts, aber auch gar nichts, mit nur einer Wirklichkeit erklärt werden. Was der Mensch tut, kann niemals nur kausal, also aus der Wirklichkeit der Erscheinung erklärt werden. Er tut, weil auch die andere Wirklichkeit da ist. Und da diese andere Wirklichkeit nicht kausal zu erfassen ist, kann man nicht sagen, „er" tut, denn das könnte mißverstanden werden, als ob der Mensch imstande wäre, kausal sein Tun zu bestimmen. Deshalb könnte man schon eher sagen, „es" tut. Denn damit berücksichtigt man seine andere, seine verborgene Wirklichkeit, und diese tut nicht kausal, diese tut aus unmeßbaren, aus unermeßlichen Gründen. Gewiß, der Mensch spürt sie. — Aber sogar Worte würde er dafür kaum finden. Im Schweigen, in einem Lächeln, in einem Heben der Augenbrauen, in einem Achselzucken könnte er vielleicht andeuten, warum er tut. Und deshalb spürt er auch immer bei sich: „Es tut", „es schreibt", „es spricht".

Kann der Mensch seinen Gang bestimmen? Nein, er könnte es schon versuchen, und er wird dann einige Momente holperig gehen oder würdig schreiten, aber in Wirklichkeit geht er so wie er ist, „es geht sich". So auch schreibt er, wie seine Hand geführt wird. Graphologen versuchen den Menschen aus seiner Handschrift zu erkennen. Das ist aber auch nur möglich, weil nicht er bewußt seine Schrift lenken kann, sondern weil „es sich schreibt", und „es schreibt sich" so, wie der Mensch eben ist. Das heißt, so wie er ist, aufgebaut aus diesen zwei Wirklichkeiten, aus dieser Einheit von Körper und Seele.

Es wird im alten Wissen darauf hingewiesen, daß auch „die Wohnung Gottes" — und damit meint man nicht nur einen in Zeit und Raum einmal verwirklichten Tempel, sondern auch und vor allem die Anwesenheit der Wirklichkeit des Verborgenen in uns, wo wir dann also mit unserer erscheinenden Wirklichkeit mit dieser verborgenen Wirklichkeit verbunden sind — nicht mit unseren bewußten Absichten gebaut werden kann. Es wird dabei erzählt, daß der Mensch in seinem Leben und durch sein Leben, das Material bereitstellen kann. Sein Leben ist gerade dieses Bereitstellen des Baumaterials. Dann aber kommt, aus dem uns Unsichtbaren, aus dem Bereich des Akausalen, für uns wie ein Wunder, eine Kraft, welche nun das Material zusammenfügt und es so ordnet, daß daraus ein prachtvoller Bau entsteht, eben der Tempel in Jerusalem, die Anwesenheit der Wirklichkeit des Verborgenen als eine herrliche Harmonie in unserem Leben der leiblichen Erscheinung. So lesen die Eingeweihten die Worte im 1. Buch der Könige (6. Kapitel, 7. Vers) im Sinn als „vom Hause, wie es sich baute". Also: man kann und *darf* dort nicht hauen und sägen, man *kann* dort nicht selber die Maße zeichnen und bestimmen. So wie auch erzählt wird, daß kein Laut vernommen wurde. Diese ganze menschliche Aktivität, dieser heftige menschliche Leistungsdrang ist abwesend. Und nur dann und gerade dadurch kann das Haus „sich bauen". Es ist diese andere Wirklichkeit, welche wirkt, und wir sollen uns dazu bereit machen, sie wirken zu lassen. Und wir lassen sie wirken, indem wir uns dieser Wirklichkeit des Verborgenen bewußt sind, indem wir beruhigt sind, gelassen, indem wir mit einer „heiteren Gelassenheit" es diesem Mysterium in uns selber überlassen, diese Harmonie in uns zu bauen. Dort sind unser Denken und unser Rechnen nur störend für den Bau. Wir müssen es unserem eigenen Verborgenen überlassen, sich zu bauen. Unser Leben bringt schon, wenn wir die Sehnsucht dazu immer mit uns haben, alles benötigte Material. Mit dieser Sehnsucht bildet sich aus unseren Begegnungen, aus unseren Erfahrungen, aus unserem Alltagstun, dieses Material.

Der Mensch ist in seinem Sein eine Entsprechung des Alls. Viele wissen, jedenfalls ahnen, von diesem geheimnisvollen Zusammenklang von Mikrokosmos und Makrokosmos. Es ist eben das „Im-Bilde-Gottes-sein" des Menschen, daß alles genau so da ist *im* Menschen, wie *um* ihn, daß die Wirklichkeit des Verborgenen ihre Entsprechung hat in der Wirklichkeit des Erscheinenden. Das Erscheinende fördert das Baumaterial, das Verborgene aber baut es. So ist der Mensch, und so ist er in dieser Einheit beider Wirklichkeiten als der Mensch im Bilde Gottes, in Gottes Gleichnis.

VIII

Das hebräische Wort für Kranksein, *chole*, hat die selbe Wurzel wie das Wort „gewöhnlich", auch wie das Wort „Sand", *chol*. Es zeigt damit, daß der Mensch in seiner Wirklichkeit des Verborgenen darum weiß, wie Kranksein eben nichts anderes ist als der Trott des Alltags, als die tausendfache Vielheit, die ohne Zusammenhang doch diesen Alltag bildet. So wie die Sandkörner auseinander fallen, wenn man sie läßt, so wie sie keine sinnvolle Einheit zu bilden imstande scheinen. „So lose wie Sand", sagt man.

Gegenüber diesem Begriff des *chol*, des „Gewöhnlichen" also, steht im Hebräischen als Gegensatz immer der Begriff *kadosch*, und der bedeutet „heilig". So wie der Sand lose ist, Vielheit ist, so bindet das Heilige, so ist das Heilige gerade die Einheit, das Heile. Und immer stehen diese beiden einander gegenüber. Sie sind die beiden Pole einer Dualität. Sie sind auch miteinander das Paradoxon.

Kranksein also als „gewöhnlich" sein, Gesundsein als das dem Gewöhnlichen gegenüberstehende „Heilige", als das Zusammenfügende und Zusammenhaltende.

Das Gewöhnliche ist für das Leben in der Erscheinung die Norm. An dieser Norm wird gemessen, wird gebaut, wird angepaßt. Dennoch bleibt es für sich lose, unzusammenhängend, unbefriedigend, wie der Sand. Geschmacklos, eintönig, Unlust erweckend. Das ist an sich auch das Kranksein, könnte man sagen.

Das Heilige erweckt im Menschen das Gefühl des Besonderen. Es gibt das Erschauern, das Spüren des Odems der Ewigkeit. Es erhebt aus dem Normativen in das Freie, in das Erleichternde. Es ist auch die Freude am Gesundsein, am Heilsein.

Kadosch bedeutet nicht nur heilig. Es ist auch der Begriff für „Abgesondert-sein", für das gegenüber dem Gewöhnlichen Stehende, für das nicht Meßbare, für das der Norm nicht Hörige. Im Heiligen ist alles gut, ist alles an seinem Ort. Im Heiligen gibt es nicht das „Entweder-oder", gibt es nicht die Beschränkung, gibt es keine Grenzen und deshalb auch keine Angst. Kommt Angst nicht aus der „Enge" hervor? Und ist die Enge nicht die Folge des Grenzziehens? Und ist das Begrenzen nicht wiederum eine Folge des „Entweder-oder"? Im Heiligen gibt es die vollkommene Hingabe, gibt es das kindliche Vertrauen, gibt es den Glauben umsonst. Dort wird nicht gemessen, wird nicht angepaßt. Das Heilige ist eben anders als alles andere. Es ist auch die Freude am Anderssein.

IX

Wie verhält sich nun das Gesundsein zum Kranksein? Ist Kranksein also wirklich diese Norm, dieses Alltägliche, dieser Durchschnitt, der Modus, auch dieses modern-Sein? Was ist dann aber der Sinn dieses Alltags? Denn mit dieser Frage tönen wir auch die Frage an nach dem Sinn der Wirklichkeit des Erscheinenden. Ist diese Wirklichkeit des Erscheinenden nun so trocken wie der Sand, so langweilig, so sinnlos?

Man kann diese Fragen beantworten, indem man das Wort *chol*, also das Wort für „gewöhnlich", noch weiter in seiner sprachlichen Bedeutung verfolgt. Dieses Wort *chol* wird nämlich auch benutzt für die sechs Tage der Woche, die sechs Tage der Schöpfung.

Und keiner würde behaupten wollen, diese sechs Tage der Schöpfung seien Langeweile, seien eintönig. Im Gegenteil: Sie bringen doch das Wunder des Weges zustande. Am Ende des Weges steht doch der Mensch im Bilde Gottes.

Die sechs Tage der Schöpfung finden ihren Abschluß, aber auch, wie es heißt, ihre Krönung im siebenten Tage, dem Tage der Ruhe, der Stille, des nicht lärmenden Betriebes. Am siebten Tage, und er heißt deshalb der heilige Tag, ist der Weg zuende, die Be-weg-ung ist Ruhe geworden. Dann wirkt eben die Wirklichkeit der Stille, des Verborgenen, des Unermeßlichen.

So gibt es den Weg, die Bewegung, die Bewegung der sechs Tage, den Gang der Entwicklung, und es gibt das Ziel, das Zuhause, die Ruhe, das Vollkommene des siebten Tages.

Diese sechs Tage und dieser siebte Tag finden ihre Entsprechung in den beiden Wirklichkeiten des Menschen. Die sechs Tage sind die Wirklichkeit des Erscheinenden, des sich Entwickelnden, des Tuenden und der siebte Tag ist die Wirklichkeit des Verborgenen, des Stillen. Von dort geht die Kraft hinüber zum Wege, zum Erscheinenden. Von dort geht der Geist mit seiner Botschaft zum Menschen in seiner Beschäftigung im Alltag. Von dort baut es sich im Alltag, von dort schreibt und spricht es sich im Alltag, von dort tut es sich im Alltag.

Deshalb richtet sich die Woche der sechs Tage ganz auf diesen siebten Tag. Dieses Sich-richten-auf bedeutet ein Verbinden. Es ist die Sehnsucht der sechs Tage nach dem siebten. Es ist das Verlangen des Menschen nach dem Besonderen, nach dem

Heiligen. Dann erhalten die sechs Tage einen Sinn. Dann hat die Entwicklung ein Ziel in einem Gegenüber. Der siebte Tag wird in der Mystik dann auch gesehen als die Braut, die Schöne, die Wunderbare, worauf man gewartet hatte, die man erhofft hatte. Dort, am Anfang des siebten Tages, wird diese Braut voller Freude empfangen. Man vereinigt sich mit ihr. Es ist diese mystische Vereinigung der beiden Wirklichkeiten, der geheimen und der offenbaren, sich auch ausdrückend in der Entsprechung im Männlichen und Weiblichen. So ist es die Vereinigung der sechs Tage mit dem Tag der Ruhe, die Vereinigung des Unterwegsseins mit dem Zuhausesein. Es ist die Vereinigung des Suchenden mit dem der sich gefunden hat, des Kausalen mit dem Akausalen, des Gesetzmäßigen mit dem Freien. Diese Vereinigung ist die Erlösung aus Angst und aus Zwang.

X

So erhält das Gewöhnliche, also auch das Kranksein, einen ganz anderen Sinn. Kranksein ist nur erschreckend, tötend, wenn es alleingelassen wird, wenn es nur auf sich gestellt ist, wenn es also nur isoliert betrachtet wird. Dann ist es hoffnungslos, ist es aussichtslos. So ist auch der Alltag sinnlos, tötend, hoffnungslos, wenn man ihn als das Einzige sieht, wenn auch der siebte Tag Alltag ist. Das heißt, wenn man überhaupt nur eine Wirklichkeit kennt und anerkennt, eben die Wirklichkeit des Meßbaren, des Zählbaren, des statistisch Erfaßbaren. Dann übersieht und überhört man in sich selber und in der Welt die vielen Zeichen aus der anderen Wirklichkeit. Deshalb ist die Welt mit der Anschauung des Naturwissenschaftlichen so langweilig, erweckt sie viel Unlust. Was sie auch an Ablenkung bieten mag, welche soziale und wirtschaftliche Sicherheit sie auch vorzugaukeln vermag, die Unlust bleibt. Sie steigert sich sogar ins Aggressive, sie wird destruktiv.

Und sie ist dann nicht nur nach außen hin destruktiv und aggressiv. Sie ist es genauso nach innen. Denn Innen und Aussen, es ist doch derselbe Mensch. Und diese Destruktivität nach Innen zeigt sich nicht nur in Neurosen, wie man es so gerne in der heutigen

Welt mit einem zynischen Maß an Schadenfreude konstatiert, sie zeigt sich in dieser allgemeinen Unlust, in dieser allgemeinen Langeweile, und so ergibt sich ein allgemeines sich-krank, sich-elend-Fühlen.

Kranksein ist das Isolieren des *chol* vom *kadosch* , das Abtrennen der sechs Tage der Schöpfung vom siebten Tage der Ruhe. Schöpfung ist Freude, wenn sie von der Vereinigung der beiden Wirklichkeiten weiß. Sie ist die Erwartung der Braut durch den Bräutigam und die Sehnsucht der Braut nach dem Bräutigam. Das Hohelied wird am Übergang vom sechsten in den siebten Tag, als alter Brauch im Judentum, gelesen. Und in der Bibel sehen die Eingeweihten in den beiden letzten Worten des sechsten Tages und in den beiden ersten Worten des siebten Tages die vier Buchstaben des Tetragrammes, des Namens „Herr". Die beiden ersten Buchstaben als Anfangsbuchstaben der beiden letzten Worte des sechsten Tages und die beiden letzten Buchstaben als Anfangsbuchstaben der beiden ersten Worte des siebten Tages. Sogar Gott selber verbindet den sechsten mit dem siebten Tag, also, sogar Gott vereinigt die beiden Wirklichkeiten. Es wäre ein Zerbrechen seiner Einheit, wenn man diese beiden Wirklichkeiten trennen würde. Und im Menschen ist dieses Zerbrechen der Einheit ein Kranksein, also ebenfalls ein

Zerbrochensein. Er braucht dann die Heilung, er braucht dann die Verbindung zur Ruhe des Zuhauseseins, er braucht die Vereinigung beider Wirklichkeiten. Der Kranke fühlt sich vereinsamt, verlassen, weil er eben diese andere Wirklichkeit sucht und nicht weiß, daß sie da ist, daß sie ebenfalls auf ihn wartet, so wie er auf sie wartet. Man verbinde, man vereine, das ist die Freude des Lebens. Die wahre Freude ist dieses Zusammenbringen beider Wirklichkeiten. Es sind Wirklichkeiten im Gegensatz, aber sie suchen sich. Dort ist der Grund jedes Suchens überhaupt, jedes sich Sehnens. Man wird geheilt, wenn man die andere Seite findet. Man spürt dann erst, was einem gefehlt hat.

XI

Das Wort für Gesundsein ist im Hebräischen *Beri,* und das ist, merkwürdig wiederum, von der gleichen Wurzel wie das Wort für „schöpfen" und „Schöpfung". Gewiß, man kann dann sagen, der Gesunde ist schöpferisch, er hat schöpferische Kräfte. Das stimmt schon. Es will aber doch noch viel mehr sagen. Erstens bedeutet es also, daß die Kräfte, welche das *chol,* das Gewöhnliche also, den Alltag, zustande bringen, das Gesunde sind. Aber wiederum: die Schöpfung der sechs Tage ist sinnlos ohne ihr Ziel, ohne ihr Reich, ohne ihre Krone, also ohne diesen siebten Tag, diesen Tag der Ruhe. Gesundsein ist also nicht das sich Zurückziehen in die Absonderung, in die Meditation, auch nicht in das Gebet. Gesundsein ist das *Tun,* das Schöpferische, ausgerichtet aber auf einen Sinn, und ganz besonders also ausgerichtet auf diesen Sinn im Gegensätzlichen. Man kann schaffen, viel schaffen, und dennoch bleibt dieses Schaffen unbefriedigend, weil sein Ziel in der gleichen Wirklichkeit gesucht wird. Der Künstler, der Dichter, sie sind es nur, wenn sie spüren, wie eine andere Wirklichkeit durch sie hindurch rieselt, wie ihr Schaffen ein „sich-Bauen" ist, ein merkwürdiges aus sich selber Zustandekommen. So sei das ganze Leben ein Kunstwerk, denn nur dann wird es den Alltag erleuchten und damit erfreuen.

Der Mensch lebt in dem Alltag, aber dieser Alltag wartet auf die Erlösung durch die Überraschung aus dem Bereich des Heiligen. Der Alltag ist krank wenn er allein steht, wenn er sich isoliert fühlt. Dann ist sein Sein sinnlos, und damit ist er krank. Der alleinstehende Alltag geht zu Grunde an unerfüllbarer Sehnsucht. Er hat die Kraft des sich Sehnens. Er weiß aber nicht, wohin er sich sehnen kann. Er kennt nicht die Anwesenheit einer anderen Wirklichkeit, wozu überhaupt die Sehnsucht in den Menschen gelegt wird.

Er suche diese andere Wirklichkeit nicht weit weg. Nicht im Himmel und nicht jenseits des Meeres. Sie ist in ihm, in seinem Munde und in seinem Herzen, wie schon die Worte der großen Erkenntnis, wie sie in die Bibel hineingeträumt wurden durch den Heiligen Geist, es ausdrücken. Der kranke Mensch hat die Heilung schon in sich. Er kann den Alltag, dort wo sein Schaffen erwartet und benötigt ist, dort wo er aber auch schöpferisch tätig sein kann, gerade durch dieses Schöpferische mit der anderen Wirklichkeit, mit der Welt der Ruhe, der Akausalität, der Freiheit, des Gelöst- und des Erlöstseins verbinden. Ziel der schöpferischen Tätigkeit ist eben diese Verbindung mit dem Zeitlosen, mit dem Freien, mit dem Fantastischen, mit dem Unmöglichen, also mit dem Wunder.

Der alleinstehende Mensch, allein stehend in der Wirklichkeit des Erscheinenden, ist ratlos, er hat Angst. Und das ist schon sein Kranksein. Er sehnt sich, er wartet auf eine Vereinigung, auf seine Vermählung.

Deshalb schenke man dem Menschen in seinem tätigen Alltag die Erkenntnis der anderen Wirklichkeit. Man zeige ihm auf, daß der Alltag nur die eine Seite des Lebens ist, daß der Alltag eben seine Entsprechung findet in der anderen Seite, daß es hier kein Entweder-oder gibt, sondern ein Dieses *und* ein Jenes.

XII

So geht der Mensch mit seinen beiden Füßen. Er braucht zu seinem Wege beide Beine, das rechte *und* das linke. Seine körperliche Erscheinung ist bis ins mikroskopisch Kleinste eine Entsprechung seines verborgenen Daseins. Es heißt, der Mensch braucht rechts und links, er braucht *Kadosch und Chol*, also das Heilige *und* das Allgemeine. Aber er braucht sie in ihrer Verbindung. Der Mensch benutzt ganz selbstverständlich das rechte und das linke Bein. Er wird doch nicht eines von beiden abschneiden. Warum aber trennt er die Wirklichkeit des Verborgenen manchmal ab? Oder, falls er egoistischer Mystiker oder Esoteriker ist, trennt er die Wirklichkeit des Erscheinenden ab, proklamiert den Alltag für unnütz. Nein, der Tag der Ruhe hat nur Bedeutung als Ruhe gegenüber Schöpfung. Und die Schöpfung erhält ihren Sinn im Tag der Ruhe, weil die Schöpfung nach der Vollkommenheit sich sehnt, nach dem Erfülltsein. Und die Ruhe bedeutet doch eben, wie es in der Schöpfungsgeschichte auch heißt, daß ihr gegenüber alles vollkommen ist, alles erfüllt ist. Das Kommen, der Weg, ist voll geworden, ist erfüllt worden.

Dem Menschen fehlt auf seinem Wege durch das Leben manchmal etwas. Er kann dann aber die Gewißheit haben, daß es die andere Seite gibt und daß der Weg ihn eben zur Erfüllung führt. Er weiß, wenn er das linke Beim im Gehen hebt, daß nachher das rechte kommen wird. Er hat keine Angst, denn es ist ihm gewiß, daß das eine mit dem anderen zusammengeht. So führt ihn sein Körper. Und so funktioniert sein Körper in jeder Hinsicht, im Kreislauf, in der Verdauung, usw. Aber wenn im Menschen eine Seite abgetrennt oder vernachlässigt wird, wenn nur das Rechte oder nur das Linke da ist, oder eines überwiegt und das andere verkümmert, dann funktioniert auch in seiner Entsprechung im Erscheinenden manches nicht, oder nicht richtig, nicht dem Ganzen gemäß ausgeglichen.

Der gesunde Mensch ist in seinem schöpferischen Sein ausgeglichen. Er ist gesund aus sich selber. Man kann sagen: „es gesundet sich". So wie, wenn das Tun im Sinnlosen versiegt, „es sich kränkelt". Und dann fehlt ihm mal dies, mal jenes, und es ist ein endloser Weg, solange man in ihm nicht die andere Wirklichkeit erweckt.

Der Kranke, er fühlt sich einsam, isoliert, verlassen, unverstanden. Man gibt ihm, weil man nichts von der anderen Wirklichkeit weiß, Mittel zur Betäubung, zur Ablenkung, man versetzt ihn in einen Rausch. Aber er erwacht aus diesem Rausch, und er ist weiter unglücklich, ja er ist sogar unglücklicher. Er benötigt dann einen noch schwereren Rausch, noch raffiniertere Betäubung, kumulierte Ablenkung. Es ist eine Sackgasse, es ist ein Reich der Hoffnungslosigkeit. Und der Kranke hat immer mehr Angst, und schließlich gibt er auf. Er läßt sich, er versinkt.

Heilen kann deshalb nur den ganzen Menschen betreffen. Solange dem Menschen die andere Wirklichkeit nicht als Wirklichkeit, als Daseiendes, als Funktionierendes gegeben werden kann, bleibt er in dieser einen, erscheinenden Wirklichkeit allein, einsam, ratlos, hoffnungslos. Dann kann er nicht schöpferisch sein, dann kann er nicht gesund sein, denn dann hat er keinen Sinn des Lebens erkannt, keinen Sinn, der ihm die Kraft aus der Ruhe gibt.

Diese andere Wirklichkeit kann man ihm nicht durch schöne Worte schenken. Da reagiert der Mensch sehr feinfühlig. Da erkennt er gleich die Wahrheit des Ausgeglichenen, und er unterscheidet sie bald von der Lüge des Verkrüppelten. Es ist hier alles zu wichtig, zu entscheidend. Auch Worte können betäuben, auch Religion kann wie Opium wirken. Man sollte auf die Schreie der Unglücklichen acht geben und nicht gleich sagen, sie seien im Unrecht. Der Unglückliche ist eben der Kranke. Gewiß, er ist oft aggressiv, weil er nur die eine Seite kennt. Und wenn er sagt, unsere Versuche zur Heilung seien nicht die richtigen, dann könnte es sein, daß wir tatsächlich nur schöne Worte, Phrasen, zu bieten haben, daß wir ihn nur ablenken, nur betäuben, daß wir ihm aber nicht den Weg zur Verbindung beider Wirklichkeiten gezeigt haben. Und man kann diesen Weg doch nur zeigen, indem man sich selber, mit seiner eigenen Ganzheit, anbietet, indem man sagt: „Schau, hier bin ich, du kannst mich haben, bedingungslos, ganz. Meine Ruhe sei Dir geschenkt. Sogar wenn ich sie verlieren würde. Ich verbinde mich mit Dir". Und dieses Sagen findet kaum in Worten statt; es ist das Dasein, es ist das Tun, die Anwesenheit.

XIII

Das Religiöse im Menschen ist seine Fähigkeit, die eine Wirklichkeit mit der anderen zu verbinden. Es ist die Möglichkeit im Menschen, die eine Wirklichkeit ins Verhältnis zur anderen zu stellen. Es ist also die Kraft des relativieren-Könnens.

Das Wort für Beten im Hebräischen hängt zusammen mit dem Begriff des Relativierens. Man nimmt die Wirklichkeit des Erscheinenden nicht so wichtig, denn man sieht sie eben immer im Verhältnis zur Wirklichkeit des Verborgenen. Damit erst kann man vor Gott, den Vollkommenen, weil der Gott des Himmels *und* der Erde, treten. Nur dann hat man Verbindung mit ihm. Denn er ist nicht erreichbar aus einem getrennten Sein. Er ist der Ganze, er ist der Weg *und* das Zuhausesein. Er ist in der Welt des Erscheinenden *und* in der Welt des Verborgenen.

Beten ist also das ganze Leben des Menschen. Immer, bei allem, sollte er zu diesem Relativieren bereit sein, zu diesem Zusammenbringen, zu diesem zu-einander-ins-Verhältnis-Bringen. Denn damit erst vereinigt er. Er sollte sich um die Zusammenhänge bemühen. Immer wieder. Denn jeden Tag steht er neu vor dem Leben, jeden Tag erneuert sich die Schöpfung. Beten ist nicht das Aussprechen von

Worten. Sicher, auch im Aussprechen von Worten kann Gebet sein. Es ist aber noch viel mehr, es ist das ganze Leben.

Wer im Leben zu diesem zueinander-ins-Verhältnis-Bringen imstande ist, kennt das Gesundsein. Er *ist* gesund. Er hat auch keine Angst, denn er kennt beide Wirklichkeiten, und er weiß, daß die eine in die andere transzendiert und umgekehrt. Er weiß vom Einatmen und vom Ausatmen, er weiß vom Schlafen und vom Wachen. So erkennt er auch das Geheimnis von Leben und Tod. Er weiß dann aber auch vom Gesundsein und vom Kranksein.

Man nehme dem Kranken die Angst, die Einengung in nur eine Wirklichkeit, wodurch er überall diese Einengungen, diese Einschränkungen hervorruft. Die Enge bedrückt ihn, wirkt wie eine untragbare Last für ihn. Man bringe deshalb dem Kranken diese Welt in Verbindung mit einer andern. Man relativiere damit sein Kranksein. Es erhält eine ganz andere Bedeutung, wenn man es auch von der anderen Wirklichkeit her betrachten kann. Das wäre das „Beten" mit und für den Kranken.

Dann hat man ihm auch seine Angst relativiert, seine Bedrängnis, seine Einsamkeit. Mit diesem Relativieren entsteht ein Sinn für sein Leben, es kommt

Hoffnung, Erwartung. Die Sehnsucht erhält ein Ziel. Und damit steht er schon auf dem Boden des Gesunden, sein Tun wird schöpferisch, weil es ein Ziel und einen Sinn in einer anderen Wirklichkeit erfährt.

Es sei deshalb gut, vom gesunden Menschen zu sprechen und zuzusehen, daß er die Gesundheit behält, daß er beide Welten kennt und in beiden Welten sich als der gleiche Bürger erkennt. Der gesunde Mensch kennt die Freude, weil ihm immer neue Überraschungen kommen. Denn für ihn ist das Erlösende nicht ein einmal Gewesenes, er begegnet dem Erlösenden auf Schritt und Tritt. Denn immer, wenn er das linke Bein vorwärts bewegt, weiß er, daß das rechte folgen wird. Immer, wenn er mit der einen Wirklichkeit zu tun hat, begegnet er, wie in einer immer neuen Überraschung, der anderen.

Der Gesunde kennt eben die Bewegung, er weiß, was Schöpfung ist. Wie sein Name als Gesunder es ihm auch sagt. Die Bewegung kann nicht erstarren. Denn der Weg ist dem Menschen gerade als die große Freude, als das große Geschenk gegeben. Dazu ist die Schöpfung überhaupt da. Aber, der Gesunde kennt den Sinn des Weges, er kennt das Ziel, er lebt die Hoffnung, er hat die Freude der sich mit jedem Schritt weiter erfüllenden Sehnsucht. Sehnsucht und

Erfüllung, Weg und Zuhause. Diese beiden sind das große Geschenk für den Menschen. In beiden lebe er. Dann hat er Frieden, dann hat er Vollkommenheit. Ist nicht das Wort für Frieden, *Schalom*, zugleich Vollkommenheit? Vollkommenheit kommt auf dem Weg zustande, und Vollkommenheit heißt das Haus, wohin man geht. Sehnsucht ist die Freude, weil sie vom Vollkommenen weiß, weil sie immer hingeht und zu gleicher Zeit dort zu Hause ist.

XIV

Gibt es nun aber wirklich *nur*-gesunde Menschen? Wäre das nicht der Seins-Struktur der Welt entgegen? Wären das nicht einbeinige Krüppel? Wie aber äußert sich dieses Auf und Ab beim Menschen, wie und wo ist er dann krank oder gesund?

Altes Wissen träumt von einem Ur-Chaos, von einem *Tohu wabohu*, von einem von Finsternis beherrschten, bodenlosen Abgrund. Dieses Ur-Chaos erscheint als Ausgangspunkt, erscheint als Erstes. „Und die Erde war wüst und leer", übersetzt man aus der Schöpfungsgeschichte diese Worte *tohu wabohu*. Das ist der Anfang, wie er irdisch in Erscheinung tritt. Und in diese Verwirrung tritt das Licht ein, ein Phänomen aus einer andern Welt, aus dem himmlischen Gegenüber.

Also auch hier die Dualität: über dem Abgrund herrscht Finsternis, und durch ein Sprechen Gottes kommt das Licht. Links und rechts, Nacht und Tag, Ausatmen und Einatmen, Tod und Leben, krank und gesund.

Es scheint hier etwas Wesentliches sich offenbart zu haben. Finsternis, Wirrnis ist Ursache, ist der Anstoß. Das heißt: krank sein steht als Anfang; so wie die sechs Schöpfungstage dem Tag der Ruhe vorangehen. Bedeutet das, daß krank sein eine Vorbedingung ist zum Leben überhaupt? Ist erst der Schritt, der Kranksein genannt wird, notwendig, um dadurch dann das Gesundsein erleben zu können? Gefangenschaft ist das Empfinden, das die Sehnsucht nach Erlösung erweckt, Zwang erst kann dem Gefühl der Befreiung Raum schaffen. Nur die Sünde kann das Fundament bilden, worauf Gnade und Barmherzigkeit sich bauen. Die Freude des Morgens wird erlebt, nachdem sich der Druck der Nacht löst, der Frühling kann genossen werden, indem sich der Winter zurückzieht. Und was bedeutete das Erquickende der Genesung ohne das vorausgehende Kranksein?

So steht, erst noch wie ein Rätsel, am Anfang der Sündenfall. Wenn man aber von diesem Anfang im Ur-Chaos weiß, wundert er kaum mehr. Als Parallele kennt man doch auch diese merkwürdige, sogar erschreckende Schau vom Fall der Engel. Und stehen nicht die Kinderkrankheiten deshalb auch vor dem Durchbruch in das Leben des Erwachsenen, und gilt nicht das Gleiche für die Beschwerden der Pubertät und von Sturm und Drang? Eine Gesundung kommt oft nach einer Krise, so, wie von der endgültigen Erlösung gesprochen wird nach einer schrecklichen Apokalypse. Nach den letzten, schwersten Geburtswehen kommt das neue Leben hervor, und schon immer wußte der Mensch, daß dem Todeskampf ein Erwachen in ein neues Leben folgte.

Ist dieses Chaos dazu da, damit die Freude des ordnenden, des unterscheidenden, des offenbarenden Lichtes erfahren werden könnte? Ist in diesem Sinne auch das Geheimnis des Krankseins zu suchen? Hier scheint eine Grundstruktur des Seins sich im Wege des Werdens zu manifestieren. Die Harmonie des Seins zeigt sich in der Freude des Werdens. Und damit diese Freude zustande kommen kann, gibt es den Rhythmus des Auf und Ab. Im Sein stehen die beiden Cherubim im Urlicht des Goldes und sehen einander an, der Eine vollkommen gleich dem Anderen, und ihre Flügel berühren sich. Aus einem Stück sind sie, ihr Fundament ist das Gleiche, und zwischen ihnen ruht die Anwesenheit Gottes. Dieses absolute Sein in seiner Doppeltheit offenbart sich in der Abwechslung im Werden, in Tag und Nacht, in Freude und Leid.

Ja, auch Leid. Damit aus dem Leid die Freude erwächst, wie aus dem Chaos das Licht. Im Werden ist es ein Pendel, ist es das Auf und Ab der Welle. Quelle aller Schwingungen, auch von Licht und Laut, vom Rhythmus aller Perioden, also auch vom Gesundsein und Krankwerden.

XV

Die Harmonie des Seins ist dieses Einssein von dem, was auf dem Wege des Werdens die Eins-werdung der Gegensätze vorstellt. Damit das Werden seinen Weg anfange, bildet sich die Ursache, und das ist das andere Extrem des Eins-seins, nämlich die Zersplitterung, bildet sich das andere Äußere der Harmonie, nämlich das Chaos, die Verwirrung. Hier spürt man schon etwas vom Sinn des Krankwerdens. Es hängt mit dem Opfer der Schöpfung — aber jeder Schöpfung — zusammen. Das Einssein, die Ruhe, die Harmonie, opfert sich hin, damit das Einswerden sich erfüllen kann. Man könnte sogar sagen, das Eins-seiende sehnt sich nach dem Eins-werden; so, wie auf der Gegenseite, das Eins-werdende sich sehnt nach dem Eins-sein.

Ist hier der Grund des Heiligenscheins, den alte Kulturen dem Kranken gewähren? Gewiß aber ist hier auch der Ursprung der Ehrfurcht und der Scheu vor dem Leidenden und vor dem Verkannten. Hier liegt auch eine Deutung des Geheimnisses, im alten Judentum aufbewahrt, vom leidenden, sterbenden und vom siegenden, ewig lebenden Messias. Diese beiden Erlöser sind die beiden Seiten des Einen, wie die beiden Cherubim auf der Bundeslade aus einem Stück sind, ihre Flügel sich berührend.

Der leidende Messias ist der den Weg Eröffnende, der Siegende ist der den Weg Beendende. In der Welt des Seins sind sie Einer, aber eine Einheit der Harmonie von Gegensätzen, eine unglaubliche, eine nicht gedachte, nicht einmal mehr erwartete Harmonie. Und dennoch existiert sie, und sie äußert sich in der Welt des Werdens in einem Entweder-oder, in Leid oder Sieg, in Kranksein oder Gesundsein.

Kann man Anfang und Ende überhaupt erkennen, wenn nicht auf dem Wege und aus dem Beschreiten des Weges? Nur der Weg kennt die Gegensätze, nur der Weg kennt das Kommen und Gehen von Phasen, kennt Geburt und Tod. Nur auf dem Wege könnte man von zwei Erlösern sprechen, von Einem am Anfang und von Einem am Ende, und Toren nur können streiten, welcher von beiden nun der richtige sei. Des Menschen Sünde ist diese Spaltung, dieses nur Berücksichtigen einer Wirklichkeit des Weges, während das Leben und die Wahrheit doch uns immer wieder zurufen, daß jede Harmonie eben nur Harmonie genannt werden kann, wenn etwas zum Harmonieren da ist, also ein Gegensatz, ein Männliches und Weibliches, Tag und Nacht, und dann doch auch Anfang und Ende. Gott sagt von sich, er sei der Erste und der Letzte. So gibt es nur den einen Messias, und dennoch erscheint er auf dem Wege durch die Hingabe als ein durch Zeit und Raum getrennter. Damit aber ist dem Menschen und der Welt die Freude des Werdens, der Erfüllung, gegeben. Und der Sinn des Lebens ist dieser Einklang von Sein und Werden.

Ein altes Geheimnis des Judentums spricht von der Einheit vom Baum des Lebens mit dem Baum der Erkenntnis. Und die Sünde des Menschen sei das Trennen dieser Einheit. Er schwingt die Axt und verwüstet seine Welt. So verliert er das Paradies, das Leben, wo die Einheit von Sein und Werden Grundlage sind. Aber, dieses Trennen ist schon mit der Schöpfung da, tiefgründiges Geheimnis. Des Menschen Schuld ist zugleich seine Unschuld.

XVI

Einheit zerbricht und Vielheit entsteht. Die Vielheit des Sandes, des *chol.* Aus dem Heil-sein wird Kranksein. Wie auf den Tag die Nacht folgt. Erst steht aber die Finsternis, und das Judentum kennt, nach der Schau in der Thora, den Abend und die Nacht als Anfang jedes Tages. Scherben bringen Glück, sagt man, und wie so viele alte Sprichwörter, enthält auch dieses eine tiefe Weisheit. Denn mit den Scherben fängt der Weg an, und der Weg ist immer, ob man es nun weiß oder nicht weiß, der Weg der Eins-werdung. Am Ende erreicht man das gelobte Land, wie oft man auch auf dem Wege verzweifelte, voller Unmut und voller Ablehnung war. Es ist bedeutsam, daß zum Anfang einer jüdischen Ehe, während des Eheschließungsrituals, ein heiles Gefäß zu Scherben zertreten wird und die Umstehenden dann dem Paar einen „guten Weg" wünschen, eine gute Zeit. Denn Zeit, die Gestirne am Firmament, sie sind Ausdruck des Weges.

Der Mensch bei seiner Geburt ist krank, sein jenseitiges Dasein ist dahin, er steht vor den Scherben. Und der Weg seines Lebens ist das sich Zusammenfügen dieser unzähligen Scherben zur ursprünglichen Einheit. Am Ende steht die gleiche Harmonie des Anfangs, sie hat sich während des Weges eben gebaut. Anfang und Ende sind das Gleiche, nur auf dem Wege sieht man das Getrenntsein.

Kranksein ist Ausgangspunkt. Wer Kranksein verdrängen möchte, entzieht dem Menschen eine Grundlage des Seins. Wenn man glaubt, Kranksein verbannen zu können, versteht man den Sinn des Lebens nicht. Aus seinem Kranksein kommt Hiob zum Gespräch mit Gott und erhält am Ende alles doppelt von dem, was ihm erst genommen wurde. Durch sein Kranksein, durch seinen Scherbenhaufen, erkennt er beide Seiten des Lebens, beide Wirklichkeiten. Das Entweder-oder wurde zum Zusammenklang der Gegensätze, das Alternieren von Diesem *und* Jenem.

Es scheint also, daß Kranksein zum Leben gehört, daß es ein Phänomen des Weges ist. Angst vor Kranksein könnte also auch Angst vor dem Leben bedeuten. Versuche, Kranksein überhaupt aufzuheben, bedeuten Verneinung einer Wirklichkeit. Dennoch heile man, denn der Weg aus der Krankheit ist doch der Weg der Heilung, es ist das Licht, das nach der Finsternis kommt.

Und so wird es immer auf dem Wege sein. Das linke Bein wird gehoben und dann, wenn es ruht, das rechte Bein. Gesundung braucht als Vorhergehendes das Kranksein. Nur dort, wo man das gelobte Land betreten hat, wenn man dort wohnt,— so erzählt die jüdische Überlieferung —, herrscht nur die Harmonie, dort gibt es weder Tod noch Kranksein, weder feindliche Aggression noch Mißverständnis. Denn das sind alles Phänomene des Weges. Auf dem Weg kann man nur die Landschaft sehen, durch die man gerade zieht; das Ganze, der Sinn des Weges überhaupt, bleibt unklar. Man kann nur glauben, vertrauen, man kann Treue bekunden. Aber man weiß nicht, man tut eben umsonst.

Es bleibt die Frage nach den Äußerungen des Krankseins, nach der Intensität und der Qualität. Und es bleibt die Frage der Verbindung. Wie bringt man im Leben die Einheit zwischen *kadosch* und *chol*, zwischen der Ruhe, der Freude, und der Vielheit, dem Sturm der Bewegung, zustande? Wie kann der Sabbath die sechs Wochentage erleuchten, wie kann man die sechs Tage auf diesen heiligen Siebten ausrichten? Wie also kann das Kranksein in das Gesundsein integriert werden, wie das Leid in die Freude? Und so integriert, daß sie zur Einheit werden! Denn nur der Mensch trennt, nur der Mensch reißt die beiden Wirklichkeiten auseinander, nur er führt das Entweder-oder ein, und damit für sich die

Angst, ja die Panik des einseitigen sich nur in-Bewegung-Wissens, des nicht-zur-Kenntnis-nehmen-Wollens der Ruhe, des zuhause-Seins, des Ewigen.

Wir wollen uns jetzt um dieses Integrieren bemühen.

XVII

„Gesund" sein und „schöpferisch" sein zeigen im Hebräischen einen Zusammenhang; und es gilt diese Verbindung näher zu betrachten. Es wäre eine einseitige Schlußfolgerung, wenn man meinte, der Gesunde sei schöpferisch, oder daß Kreativität Gesundheit fördere. Denn was ist eigentlich schöpferisch?

Schöpfung kommt aus der Krise des Chaos, des „Irrsal und Wirrsal", aus dem finstern Abgrund, hervor. Es ist ein Durchbrechen einer Verwirrung, eines Ungeordnetseins. Es ist die Inangriffnahme eines Weges, spontan, eben ohne jede Konstruktion, es ist ein Sichgehenlassen, gezogen von einer Sehnsucht, durch eine logisch ganz unbegründete Hoffnung, die aber doch zur Erwartung heranwächst und schließlich *weiß*, daß das Ziel, das Erschaffene, zustandekommt.

Schöpfung ist das Gehen eines Weges in der verbal nicht auszudrückenden Sicherheit, daß uns etwas auf diesem Wege entgegen kommt, wodurch das Ziel, die Ruhe, das Vollendete und Vollkommene erreicht werden wird. Schöpfung ist der Weg *und* die Ruhe, es sind die sechs Tage *und* der siebte. Sie zeigt sich auch im Bilde der Geburt; es ist das Ei, dessen Schale durchbrochen wird, und neues Leben kommt hervor, und aus diesem neuen Leben wird wiederum ein Ei erscheinen und Neues geboren werden. Es ist wie ein unendlicher Weg. Denn Unendlichkeit will nur sagen, daß die Grenzen niemals mit den Gegebenheiten der Wirklichkeit des Weges überschritten werden können. Sie bleiben immer Zukunft. Moses ist der Herr des Weges, *Jehoschua* der des Durchbruches, des Überschreitens. Andere Maßstäbe gelten dann. Aber Schöpfung ist sowohl dieser Weg wie auch diese Ruhe. In der Schöpfung ist der Durchbruch zweimal. Zweimal auch überschreitet das biblische Israel eine Grenze, einmal ist es der Durchbruch durch das Meer, beim Auszug aus der Finsternis der Gefangenschaft in Ägypten, und einmal ist es das Durchbrechen des Jordan, unter dem gleichen Phänomen des Stillstehens des Wassers, beim Einzug in das gelobte Land mit *Jehoschua*.

Das Zeichen dieses zweimaligen Durchbruches, erst in den Weg und dann in die Ruhe, ist das Zeichen dieser Welt, und es erscheint auch in der Mutter mit dem Kinde. Der Vater, jenseitig, ist das Sein in der Harmonie, das Eins-sein, bevor der Weg da ist, und das Eins-sein außerhalb des Weges. Es ist das ewige Einssein gegenüber dem ewigen Einswerden.

Die Ruhe aber, nach dem zweiten Durchbruch, die Ruhe des deshalb geheiligten 7. Tages, steht diesem

Eins-sein als gleiches gegenüber. Der Weg der Schöpfung führt zur himmlischen Ruhe.

XVIII

Es ist das göttliche Merkmal im Menschen, daß er kreativ sein kann. Das heißt also auch, daß er einen Zustand verlassen kann, obwohl alles in diesem Zustand auf ein ewiges Gebundensein an diesen Zustand hinweist. Das Verlassen Ägyptens, in der biblischen Mitteilung, ist eigentlich eine Unmöglichkeit, und die jüdische Überlieferung weiß auch unzweideutig mitzuteilen, daß es gegen alle Naturgesetzmäßigkeit, als Durchbruch aus allem Normalen, zustande kommt. Eben ein Wunder!

Auch der Weg durch die Wüste hat alle Anzeichen eines immerwährenden Weges. Die 40 Jahre deuten darauf, denn die Zahl 40 steht für das Unendliche der Zeit. Aber auch der Weg führt zu einem Durchbruch.

Durchbruch ist die Hoffnung auf etwas ganz Neues, es ist eine Dynamik, die eherne Grenzen sprengt. Es ist Bruch mit der Norm, Ablehnung des Durchschnittlichen, es ist absolut non-konform. Und das eben ist Gesundsein.

Jeder Künstler versucht solch einen Durchbruch. Er will Neues bringen, er fängt ein Abenteuer mit der Welt an. Der eine mit Holz, der andere mit Farbe, der dritte in Melodien, der vierte mit dem Worte, der fünfte in Ansichten, in wissenschaftlicher Schau, im religiösen Erlebnis, und so ohne Ende, auf allen Gebieten. Der Mensch sucht eben die Änderung, nichts ist ihm so verleidet wie ein statischer Zustand. Er bedrückt mit Langeweile, mit Überdruß. Eine Gesellschaft mit einer Einstellung des: „Jetzt ist es erreicht", wird dem Menschen unerträglich. Man sucht es dann in einer revolutionären Gesinnung und in einem umwälzenden Verhalten — man ist eben verärgert.

Weltanschauungen, die ein Weltbild bringen, welches nur noch statische Veränderungen prognostiziert, führen zum Suchen nach anderen Wegen, auf denen vielleicht doch etwas ganz Neues zu erfahren wäre. Wie kühn auch die Darstellungen der Welt im Jahre 2000 oder sogar 2100 sein mögen, sie bringen nichts Durchbrechendes. Fliegende Untertassen vom Mars mit Marsmenschen gehören alle noch zu dieser jetzigen Statik. Flugzeuge, Computer, Hochschulen, alles kann in diese Wirklichkeit eingeordnet werden. Und so sucht man den Durchbruch im Drogenrausch, oder im religiösen Sektierertum, man sucht, sehr vergebens, im Exotischen. Überall das Gleiche, die Suchenden selber bringen immer nur das Gleiche mit und finden so auch nur das Gleiche. Wie gefangene Tiere, rennen sie gegen die Gitter des Käfigs, und wissen, daß es kein Entrinnen gibt. Denn welches Wunder könnte die Gitterstäbe weichen lassen? Sie glauben auch nicht an solche Wunder; sie glauben nur noch an technische Errungenschaften, welche aber, wie in jeder Science-Fiction, zu *dieser* Welt gehören.

Und so ist der Mensch krank. Krank, weil er eine unentrinnbare Gefangenschaft spürt, weil sich ihm keine Durchbruchsmöglichkeit zeigt. Alle reden die gleiche Sprache, alle wollen Änderungen im statischen Sinn, keiner weiß mehr vom Durchbruch. Sogar das Wort Schöpfung ist verdächtig. Denn es bringt doch den unsichtbaren Vater mit, das Jenseitige, das Himmlische. Und wenn es auch im Menschen selber zu finden sei, man fürchtet den Durchbruch. Die Überlieferung berichtet, die Kinder Israels in Ägypten glaubten nicht nur nicht an eine Erlösung, sie wollten sie eigentlich gar nicht. Der Kranke kann sich selber nicht mehr helfen.

XIX

Man denke nun aber nicht, der Kranke sei also selber schuld, er hätte eben nicht so statisch werden sollen, es wäre gar nicht notwendig, sich so abzukapseln. Denn dann müßte ich gleich die Frage stellen: Aber warum kommt die Schöpfung aus der Finsternis hervor, warum gibt es augenscheinlich dieses Ur-Chaos, diese schreckliche Krise der gefallenen Engel, des nach dem Baume der Erkenntnis greifenden Menschenpaares?

Auch der Weg durch die Wüste, der geschaute Weg des Menschen überhaupt, zeigt Bewegung und Ruhe. Es sind die 42 Lagerstätten, wo die Wohnung Gottes zustande kommt, sichtbar, erfahrbar, und es gibt die Wanderung von Stätte zu Stätte, wobei die Wohnung Gottes auseinandergenommen wird, und von den Menschen, jeder trägt seinen Teil, auf dem Weg mitgetragen wird. Auch hier ein stetes Verschwinden dieser Wohnung und ein stetes Wiederaufbauen. Und dieser Weg wird ebenfalls von Fall und Auferstehung gezeichnet. Tatsächlich, es ist wie der Zyklus von Tag und Nacht, wie das Ein- und Ausatmen.

So wie der Mensch das Atmen nicht aussetzen kann, so wie das Blut ohne Rast durch ihn pulsiert, wie er essen und trinken muß, so geht er auch von

Krise zu Krise. Die biblischen Kinder Israel wurden in die Knechtschaft geführt, damit sie die Erlösung erleben könnten. Wer nicht die Gefangenschaft kennt, weiß nicht, was die Freude der Befreiung bedeutet. Aus der Krise erwächst das Licht. Menschen, die glauben, ihnen passiere nie eine Krise, sind nicht Menschen im Sinne der Gottesbildlichkeit. Von Esau weiß man, er lebe in seinem Lande Seir bis ans Ende der Tage. Er ist aber Esau und ist nicht mit im großen Gespräch von Himmel und Erde. Esau gehört zur Welt der Langeweile. Und vor allem Menschen, die eine Welt einrichten möchten, wo alles ruhig, konform nach der Norm verläuft, wo alles solch einer gesellschaftlichen, utopistischen Norm angepaßt werden soll, bringen erst recht gefährliche Krisenherde hervor. Denn der Mensch erträgt eben diese eine Wirklichkeit auf die Dauer nicht. Zwischen Esau und Jakob herrscht eine immerwährende Auseinandersetzung.

Wie drückt sich solch eine Krise nun aus? Ist es ein schweres Kranksein, eine Depression, sind es Unfälle, ist es Pech? Und wie integrieren wir solche Zustände in die Ganzheit des Lebens?

Ich glaube, das Eine hängt nah mit dem Andern zusammen.

Denn wenn der Mensch das *chol* und das *kadosch* als Gegensatz und doch als Realität seines Lebens erfährt, wenn er die sechs Tage, also den Weg, mit dem siebten, dem Zuhausesein, verbindet, dann sind die Phasen der Finsternis für ihn gleich schon relativiert. Sie stehen nicht allein da, sie sind nicht das panische Entsetzen, die Verzweiflung; denn auch die Hausfrau in der jüdischen Tradition lebt die Tage der Woche nur in Vorbereitung und in Hinsicht auf den siebten Tag. Die Phasen der Finsternis sind für den Menschen tatsächlich Krisen, manches wird in Frage gestellt, er kennt aber in seinem Leben die selbstverständliche Anwesenheit einer anderen Wirklichkeit. Sie zu wissen und zu erfahren, ist eben sein Beten. Niemals könnte er diese andere Wirklichkeit beschreiben oder erklären, er könnte nicht den Gegensatz der beiden Wirklichkeiten verstehen, er kann ihn nur leben. Auch ein altes chinesisches Sprichwort sagt schon: „Frage nicht nach dem Sinn des Lebens, doch sieh zu, daß dein Dasein durch dich selber Sinn gewinne".

Diese Krisen bringen den Menschen weiter auf den Weg, näher ans Ziel, immer näher der Welt der Ruhe, des legendären gelobten Landes. Sie haben dann einen Sinn wie das Ausatmen, denn ohne Zweifel wird ihm ein Einatmen folgen. Wehe aber diesen Menschen, die Angst haben auszuatmen, die sich klammern an Vorübergegangenem, die ihre Toten nicht begraben können.

Dann kommen eben die nimmer endenden Krankheitszustände, dann kommt die Verzweiflung, die Resignation. Dann sucht er Rausch zur Betäubung. Das Leben ist ihm sinnlos geworden, die Welt eine Fehlplanung.

Es ist schwer, in einer Welt, wo mit soviel Nachdruck erklärt wird, nur das Materielle in seiner meßbaren Erscheinungsform habe Geltung, nur der gesellschaftliche Status sei des Opfers wert, sein Leben als ein stimulierendes Paradoxon von zwei gegensätzlichen Wirklichkeiten zu sehen. Deshalb ist es wesentlich, Kranken zu helfen.

Diese Hilfe ist dann nicht irgendein Erklären zweier Wirklichkeiten oder ein Hinweisen auf eine andere Welt. Ganz im Gegenteil. Denn dann würde dem Kranken höchstens die mühsame und bedrükkende Erfahrung zuteil, daß er versagt habe, diese unsichtbare Realität zu erkennen; er bekäme Schuldgefühle, oder würde irritiert und böse. Im allgemeinen aber, würde er einfach nicht verstehen, wovon man spräche. Und nur während seines Krankseins könnte er sich an einen gewissen Trost klammern, so wie Kranke sich gern an etwas halten wollen. Sie fühlen sich hilflos, passiv, und nehmen nur zu schnell jedes angebotene Medikament entgegen. Sobald sie gesund sind, meiden sie aber genauso intensiv alles, was an ihre kranke Phase erinnert, schämen sich fast, daß sie Derartiges je ernst genommen hatten.

Die einzige Hilfe-Möglichkeit ist dann einfach das Dasein des andern. Und dann ist es entscheidend, ob der Besucher selber ein ganzer Mensch ist, ob er, bewußt oder nicht bewußt, in beiden Wirklichkeiten lebt. Nur dieser Besucher kann Hilfe bringen. Denn nur dieser kann durch sein Dasein die andere Wirklichkeit im Kranken wecken. Gerade ohne Worte darüber, nur durch die unsichtbare, undefinierbare Anwesenheit eines Lebens mit dem Paradox.

Der dann von der anderen Wirklichkeit redet, zeigt, daß in ihm der salbungsvolle, sehr oft unehrliche Prediger wohnt, und er bringt den Kranken ebenfalls zum Heucheln. Ich spreche jetzt nicht vom bewußten Heuchler, denn gefährlicher noch ist der unbewußte. Man rede eigentlich überhaupt nicht, man sei einfach mit seinem Alltag da. Der Alltag spricht schon von selber, und dann kann es genau so Philosophie wie Religion betreffen, aber auch die Inflation oder das Studium, die Politik oder die Literatur. Medikamente, wenn sie nun schon einmal da sind, wirken dann anders, und wenn es keine gibt, könnte die Wirkung genau so stark oder schwach sein. Es ist falsch, fanatisch für oder gegen Medikamente zu sein, für oder gegen chemische, für oder gegen homöopathische. Es handelt sich um den Menschen, der den Kranken besucht, in welcher Qualität er es auch tut.

Ich spreche ganz absichtlich vom Krankenbesucher. Denn auch das ist eine entscheidende Mitteilung aus der Tradition. Der Kranke ist nämlich der Passive, er ist die Seite der erscheinenden Welt. Diese Welt aber wartet, hofft, sehnt sich. Sie sehnt sich nach dem Durchbruch, dem Durchbruch aus der Langeweile, aus dem Trott, Durchbruch einer andern Welt. So sehnt sich die Erde nach dem Regen, der Mensch nach der Mitteilung aus dem Himmel, eben aus der anderen Wirklichkeit.

Und der Regen kommt zur Erde, und die Erde erquickt sich und bringt als Antwort die Frucht. Der Durchbrechende ist der Andere, er ist der Besucher. Der Erlöser, heißt es, kommt vom Himmel. Er ist Besucher dieser Welt. Er ist auch der große Heiler.

Überall, wo man glaubt, durch seine Anwesenheit Erleichterung oder Hilfe bringen zu können, komme man als Besucher. Das bedeutet, daß man den anderen in dessen Welt besucht, sich der Umgebung und den Eigenarten des Besuchten anpaßt. Man ziehe *sein* Kleid an, benütze *seine* Worte, *seine* Denkart. Denn die Anwesenheit des erlösenden Besuchers wird dann die Welt des Kranken neu befruchten. Durch diese Anwesenheit bekommen alle früheren Worte und Begriffe neues Leben. Der Regen hat eben die Frucht hervorkommen lassen. Es regnet nicht Früchte, die Welt bringt durch den Regen *ihre* Früchte, je nach Boden, nach Klima, je nach der Saat, hervor.

Es handelt sich hier nicht nur um das konkrete zum-Kranken-Gehen. Denn man kann den Kranken besuchen als stolzer, eingebildeter, eigensinniger Besucher. Und man kann den Kranken in aller Bescheidenheit bei sich empfangen. Dann ist man schon beim Kranken zu Besuch, dann läßt man ihm seine eigene Welt und besucht ihn dort, in *seiner* Welt. Der Himmel schickt die Engel zur Welt, auch den heilenden Engel. Und dieser spricht die Sprache der Welt. Das ist die Bedeutung des Krankenbesuchers.

XX

Der Kranke ist die Welt im Chaos. Er ist die Welt am Anfang. Er ist dann aber auch die Welt in der Krise, im Ausgeliefertsein. Er zeigt das Opfer, das vorangeht, damit die Welt den Weg erhält. Wenn Gott Israel nach Ägypten gehen läßt, in die Gefangenschaft, dann sagt er, er gehe mit. Er geht mit und leidet mit, in jeder Gefangenschaft. Man spricht in der jüdischen Tradition vom *galut schechina*, das ist das Exil von Gottes Anwesenheit.

In jedem Kranken ist die Entsprechung dieser Situation. Deshalb auch trägt der Kranke, jeder Kranke, einen Heiligenschein. Wie auch jeder Gefangene.

So bedeutet der Besuch in der Welt des Kranken nicht nur das Bringen seines Daseins, sondern ebenfalls die Erfahrung der Auserwähltheit des Kranken. Der Kranke schenkt seinem Besucher ein Erleben von Heiligem. Der Besuch ist beiderseitig.

Auch das nimmt dem Besucher die Überheblichkeit, der als Gesunder schnell denken könnte, *er* sei in Ordnung, *er* sei der Retter, der große Helfer, *er* könne die Lage des Kranken überblicken. Nicht die besuchenden Freunde des kranken Hiob haben das Gespräch mit Gott, sondern eben der kranke, geplagte Hiob!

Es ist wie im Hohelied. Der König sucht und braucht die Sulamith, genauso wie sie den König sucht und braucht. Himmel und Erde, Verborgenes und Sichtbares, sie suchen sich, denn zusammen sind sie doch erst heil.

So bringt der Besucher, schon weil er Besucher des Kranken sein möchte, beide Wirklichkeiten mit sich, und das Licht kommt, die Krise weicht, der Auszug aus der Gefangenschaft findet statt. Die Nacht zieht sich zurück, der Weg fängt an. Und man weiß, daß ein neue Nacht kommen wird. Nach solch einer Erfahrung eines Krankenbesuchers ist die neue Nacht aber nicht mehr so erschreckend, man weiß, daß es ein Weg ist, daß es sogar gut ist, daß man zwei Beine hat zum Gehen. Daß gerade durch diese beiden Beine die Freude des Gehens da ist, daß die Bewegung des Pendels erregend ist, daß sie Erfüllung bedeutet aller Sehnsucht.

So erzählt die Überlieferung, wie den Adam nach der Vertreibung aus dem Paradies, am Ende des siebten Tages, große Panik überfiel, als dann die Nacht eintrat. Er glaubte die Welt gehe jetzt unter. Es ist die Krise bei Menschen, die bei gewissen Geschehnissen glauben, ihre Welt und ihre Existenz gehe unter.

Gott zeigt ihm dann aber, wie er Licht in diese Welt bringen könnte. Gott besucht den kranken, hilflosen Adam. Dieser Übergang vom siebten Tag zur Nacht ist aber der Übergang zum achten Tag. Und dieser Übergang ist in der jüdischen Überlieferung geprägt durch das Erscheinen des Propheten Elia, dem Bringer der guten Botschaften, und durch das Kommen des Messias.

Die Weisung Gottes an den Menschen, wie er Licht machen könnte, ist Entsprechung der Erlösung. Und Gott zeigt Adam, daß das Licht zustandekommt, indem er zwei Steine aufeinander schlägt. Das will also sagen, daß er zwei Wirklichkeiten hart, mit Wucht, ohne Rücksicht und ohne Kompromiß, einander gegenüberstellt und durch sein Leben vereint. Das ist Heilung.

XXI.

Es wäre einseitig, den Besucher nur auf einen Menschen außerhalb seiner selbst zu beschränken. Denn jeder Mensch ist die Welt, in ihm ist alles, was in der Zweiheit auch als außerhalb erscheint.

So gibt es *im* Menschen genau auch das, was ihn in seinem Kranksein besuchen könnte. Es ist seine schöpferische Seite, seine Seite, welche den Weg des Lebens sucht, welche Licht bringen möchte. „Gesundsein" und „schöpfen, erschaffen" weisen doch im Hebräischen eine ganz nahe Verwandtschaft auf. Man könnte sagen, im Menschen sei also schon die Kraft zur Gesundung anwesend, wie man sie auch biologisch zu erkennen vermag. Aber so wie sie auch biologisch nicht immer in Wirkung treten kann, so ist es auch nicht möglich, daß dieser schöpferische Krankenbesuch immer zustande kommt.

Er kommt eigentlich nur zustande, wenn im Menschen die beiden Wirklichkeiten funktionieren. Sonst ist der Krankenbesuch ein falscher, ein nicht wirksamer. Er erfolgt aus der gleichen Wirklichkeit wie das Kranksein, er kennt nur die gleiche Welt. Wenn er auch die an sich richtigen Medikamente gibt, die an sich richtigen technischen Heilmethoden, er wird den Sinn des Krankseins nicht erkennen, für ihn ist Kranksein eine unangenehme und unangemessene

Störung des gesellschaftlichen Zusammenseins, ein kostspieliges Ereignis für den Kranken und für die Gesellschaft. Heilungen bezwecken in diesem Falle nur, — und das heißt dann normal —, das krank-Sein aufzuheben, um den Zustand des Geordnetseins in die eine Wirklichkeit dieser Welt wiederherzustellen. Er verbleibt dann aber in einem Kontinuum des Krankseins — Kranksein wird dann fast zur Norm. Und es erwächst das utopische Bild einer Welt ohne Kranksein, aber trotzdem eine Welt in dieser einen Wirklichkeit. Und so ist und bleibt es eine Utopie.

Man spricht in der Bibel, und auch in der Überlieferung, von den Krankheiten Ägyptens (z.B. 2. Buch Mose 15, 26; 5. Buch Mose 28, 27 u. 60), weil Gefangenschaft und Kranksein zusammengehen. Der Mensch, der seine unsichtbare Wirklichkeit, eigentlich also Israel, gefangen hält und bedrängt, ist der mit Kranksein heimgesuchte Ägypter. Man sehe das nicht als nur ein historisches Ereignis, — es wäre kaum zu beweisen und bliebe dann noch unglaubwürdig —, es ist vielmehr ein immer wieder auftretender Zustand; es gibt immer den Menschen, der seine andere Wirklichkeit bei sich unterdrückt, und dann überkommt ihn die Situation des aussichtslosen, des ewigen Krankseins.

Es ist ein endloser Kreis, ein circulus vitiosus, man gleitet von einem Kranksein in das andere, von einem Unwohlfühlen in das andere, von der einen Depression in die andere. Kranksein ist dann tatsächlich eine sinnlose Angelegenheit, ein Ärger. Ich möchte behaupten, daß man Kranksein niemals von der einen, sichtbaren Wirklichkeit her, heilen könne. Man könnte dann nur auf dem ewigen Weg des Krankseins die Landschaftsbilder wechseln lassen, der Weg aber ist ohne Ende.

So kann der Besucher, auch und vor allem in uns selber, nur der aus unserer anderen Wirklichkeit sein. Er führt uns aus unserem Kranksein, aus unserer Krise, in das Gesundsein, in das Glück und die Freude.

Und wenn man das nun weiß, wenn man es kennt als Rhythmus seines Lebens, dann erhält das Kranksein einen ganz anderen Charakter. Es ist dann wie ein Ausruhen, wie eine Pause, wie ein Schlaf nach einem vollen, ausgefüllten Tage. Für den Adam ist die zweite Nacht, nach dem ihm in der ersten das Licht gezeigt wurde, nicht mehr so erschreckend, und die dritte und vierte schon gar nicht. So lernt das Kind atmen und später gehen, so legt sich der Mensch schlafen. Und so geht der Mensch auch durch seine Phasen, wo das Schöpferische ruht, wo ihn etwas oder sogar vieles drückt oder quält, wo er meint, seinen Glauben zu verlieren, wo sein Vertrauen wankt, wo Enttäuschungen sich häufen, wo es tatsächlich Nacht ist und Albträume nicht auszuschließen sind. Aber dennoch weiß er — und das weiß er, so wie er von seinem Atmen und von seinem Blutkreislauf weiß —, daß ein Erwachen folgt, daß der Tag durchbrechen wird. Dann streckt er sich, er spürt seine Kräfte wieder kommen, und er ist der Gesunde, er sieht die Welt weit und schön, er nimmt den Kampf froh und voller Freude auf, er ist dann der Künstler, der Schöpfer, wohin ihn das Schicksal auch gestellt hat.

Dieser Mensch ist imstande, die Nacht zu relativieren, das heißt, sie in Beziehung zum Tage zu bringen, wie er auch weiß, daß dem Lichte die Finsternis gegenüber steht. Die Welt ist ihm ein Ganzes, wie auch sein Leben ihm ein Ganzes ist.

XXII

Deshalb ist es gut und soll als normal gelten, wenn ein Mensch mal krank ist. Es wäre im Gegenteil erschreckend, wenn ihm niemals etwas fehlte. In der Biologie spricht man von der Immunität. Sie entsteht eben, wenn man sich mit dem Kranksein schon auseinandergesetzt hat, und es gibt vielerlei Arten der Immunität. Warum sollte das Gleiche nicht auch im menschlichen Wesen da sein?

Es könnte deshalb gefährlich für den Menschen sein, wenn man ihn mit der Illusion einzuschläfern versucht, es gebe keine Krisen, es gebe keine Dummen, keine Gemeinen, es könne in dieser irdischen Wirklichkeit etwas wie ewigen Frieden, vollkommene Gesundheit, Reichtum und dergleichen herrschen. Nicht nur, daß die Enttäuschung desto härter ausfällt, der Mensch erträgt dieses Versprechen schon gar nicht. Er spürt, daß eine solche Welt eine unwahre ist, eine gefälschte. Die Welt ist eine von zwei Wirklichkeiten, zwei sich widersprechenden Wirklichkeiten. Sie kennt gewiß auch den Frieden, aber auch die Kriege und die Gerüchte von Kriegen, sie kennt den Reichtum, aber auch die Armut und den Hunger, sie kennt das Gesundsein, aber ebenfalls das Kranksein und das Elend. Das eine ist das Verständliche, das rational Anständige, das andere ärgert, bringt Unsicherheit. Das andere ist eben die unsichtbare Seite, das Unverständliche, das Mysteriöse. Niemals könnten wir die Nützlichkeit dieser andern Seite erklären. Wir können nur sagen, sie ist da, und wir spüren, sie gehört dazu. Wie das mystische Erlebnis zu unserer Ganzheit des Erlebens dazu gehört. Und keiner kann von sich sagen, ein Erlebnis sei nur mystisch oder nur rational. Im Paradoxon unseres Lebens ist jedes Erlebnis und ist jede Erfahrung eine Frucht von beiden.

Könnte man dann nicht dem Kranksein in diesem Zusammenhang einen Sinn schenken? Muß das Kranksein denn immer nur ein Ärgernis sein, ein Beschämendes, etwas, wovon man nicht spricht, oder, auf der andern Seite, eine Sucht, ein Paradieren, ein Sich-wichtig-nehmen im Kranksein? In beiden Fällen zeigt sich, daß man nur *eine* Wirklichkeit kennt. Man ist dann „in Ägypten gefangen", man lebt in einer aussichtslosen Gefangenschaft, man lebt in einer Welt voller Zwang, voller unerträglicher, unbegreiflicher, drückender Gesetze.

Der Sinn des Krankseins ist aber vielmehr das große Erlebnis, daß Krisen nur da sind, um dem Lichte der Schöpfung Raum zu geben. Auch wenn die Krise in den Tod führen würde. Denn, und das ist das gewaltige, erhabene Schöpfungsgesetz, Krise und Chaos sind nur die Vorbedingung für das neue

Licht, für eine neue Welt, für neues Leben. Immer kommt die Schöpfung, das Gesunde, aus diesem Kranksein hervor. Im biologischen Bereich begegnen wir diesem Phänomen des öfteren. Und das biologisch Erscheinende ist doch nur eine Entsprechung des Verborgenen, so wie das Geheime Entsprechung ist des Erscheinenden.

Und man schäme sich nicht vor einer größeren Krise, auch wenn sie gesellschaftlich nicht als salonfähig gilt. Denn Geburtswehen gehen dem Kommen des Kindes voraus, und die Überlieferung erzählt, daß die Geburtswehen der Erlösung die heftigsten sind, eigentlich unerträglich. Die Erlösung ist aber das größte, es ist die Befreiung von jedem Zwang, von jeder Beschränkung, von jeder Unwissenheit.

Eine große Krise geht einer wichtigen Geburt voraus. Die Krise kann sich physisch äußern, sie ist dann doch auch eine Entsprechung eines geistigen, eines unsichtbaren Geschehens. Und sie kann als eine geistige Krise erscheinen, und dann ist sie ebenfalls Entsprechung eines physischen Geschehens. Man soll die beiden Wirklichkeiten nicht trennen. Denn dann gerät man in die Irre.

Man kann auch nicht die Intensität solchen Krankseins und solcher Krisen messen und vergleichen. Man kann auch nicht sagen, der Mensch, lebend in beiden Wirklichkeiten, erfahre durch seine Ausgeglichenheit nie eine tiefe Krise. Man kann auch nicht die Art des Krankseins zum Maßstab erheben, um damit diesen kranken Menschen kennen zu lernen. Deutungen wären hier nur ein Versuch, solch ein komplexes Phänomen mit Hilfe nur *einer* Wirklichkeit zu messen. Man lasse dem Kranken sein Geheimnis, man trete ihm nur ehrfurchtsvoll entgegen. Denn er trägt das Geheimnis des Urbeginns.

Kranksein ist ein normales Erlebnis. Normal aber im Sinne des ganzen Menschen, des heilen Menschen. Kranksein ist wie das Ausatmen, damit Raum entstehe für das Einatmen. Eine Krise bedeutet Bereitschaft zur Empfängnis. Und auch wenn man sich völlig verlassen weiß, es ist dann doch nur jetzt Platz da für Neues, ein großer neuer Anfang kann eintreten.

Wenn ein Kranker sich Menschen entzieht, dann erwartet er neue, andere, er möchte seine Umwelt auswechseln. Man lasse ihn, und nur ein Besuch aus der andern Wirklichkeit ließe ihm Recht widerfahren. Er wird ihn erhalten, so oder so.

Der Kranke ist wie die Braut, die ihren Bräutigam erwartet, er ist die Welt, die den Himmel ersehnt. Nur der Kranke kann erfahren, was Erlösung ist, er ist der Auserwählte zu dieser Freude. Er ist dann der heile Kranke, und das ist, was man jedem Kranken wünschen könnte: ein heiler Kranker zu sein. Er wird fruchtbar sein und ein neues Leben hervorbringen. Sein Leben wird ein Weg sein, von Station zu Station, und immer weiter wird es sich erneuern. Bis es ihn über die Grenzen hinüberführt und er den Sinn seines Lebens und den Sinn der Welt erfährt. Und dann wird er sehen, daß alles sehr, sehr gut war.

Biographisches und Bibliographisches über Friedrich Weinreb

1910	18. November geboren in Lemberg, damals Oesterreich-Ungarn, heute UdSSR.
1914-1916	Wien
1916-1938	Schulen und akademische Ausbildung in Nationalökonomie und Statistik in Holland (Scheveningen und Rotterdam).
1932-1942	Wissenschaftlicher Mitarbeiter am Niederländischen Ökonomischen Institut. Studium auch in Wien und an verschiedenen deutschen Universitäten. Forschungsleiter und Lehrtätigkeit in Rotterdam.
1942-1948	Aktiver Widerstand während der Nazi-Besetzung. Gefangenschaft, Lager, Flucht und Versteck. Opfer politischer Nachkriegswirren und Untersuchungshaft.
1952-1964	Lehrtätigkeit in Djakarta, Jogja, Kalkutta und Ankara. Neben den Ordinariaten und Gastprofessuren auch Dekan und Rektor. Experte am Internationalen Arbeitsamt und bei den Vereinigten Nationen in Genf.
1932-1961	Zahlreiche Publikationen, worunter umfangreiche Werke, auf dem Gebiete der

mathematischen Statistik und der Konjunkturforschung.

1926-1945 Wachsendes Interesse und intensives Studium aus eigener Initiative von Fragen über den Sinn des Daseins. Studium der allgemeinen und der naturwissenschaftlichen Philosophie. Zunehmende Beschäftigung mit den Quellen des alten jüdischen Wissens, wozu aufgrund der chassidischen Herkunft eine starke persönliche Beziehung bestand. Vorlesungen in Religionsphilosophie und Judentum in privaten Kreisen. Versuch zur Auffindung einer Brücke zwischen den religiösen Erfahrungen und dem sich entwickelnden Wissen der Menschheit. Verzicht auf jegliche politische und organisatorische Betätigung.

1945-1964 Entscheidende Erfahrungen, Erkenntnisse und Einsichten. Erste Niederschrift dieser Erfahrungen und Studien in Form kurzer Notizen. Diese heute mehrere Zehntausende von Seiten umfassenden Notizen bedeuten einen Wendepunkt in der Art der Annäherung. Entdeckung wichtiger Schlüssel zu einem noch unbekannten Elementargebiet, wo mystische

Erfahrung und exaktes Wissen zusammentreffen. Wendepunkt auch in Weinrebs Leben.

1962 Erste — da es noch ganz unbekanntes Terrain betrifft — vorsichtige Niederschrift dieses wiederentdeckten Wissens im Hinblick auf eine Veröffentlichung.

1963 Veröffentlichung dieser Niederschrift unter dem Titel ,,Die Bibel als Schöpfung'' (holländisch); eine stark gekürzte Fassung erschien 1966 in deutscher Sprache in Zürich unter dem Titel ,,*Der göttliche Bauplan der Welt. Der Sinn der Bibel nach der ältesten jüdischen Überlieferung*''. Diese Publikation erregte großes Aufsehen und wurde dadurch zum Anlaß weiterer Veröffentlichungen auf diesem Gebiet.

1964 Entschluß, sich von nun an ausschließlich dem weiteren Studium des alten jüdischen Wissens und der schriftstellerischen Arbeit zu widmen. Gründung in Holland der ,,Akademie für die Hebräische Bibel und die Hebräische Sprache'' (Sekretariat: Bussum, Bugmeester s'Jacoblaan 20), die ein Forum für Weinrebs Vorlesungen wurde und die diese Vorlesungen auch laufend veröffentlicht. Gründung der „Prof. F. Weinreb-Stiftung" zur Förderung dieser Studien und Veröffentlichungen.

1966 Veröffentlichung einer Studie über die Esther-Überlieferungen unter dem Titel „Ich, der ich verborgen bin" (holländisch); in deutscher Übersetzung „*Die Rolle Esther*"(Zürich 1968).

1968 Übersiedlung nach Israel.

1969 Veröffentlichung von Vorlesungen über die hebräische Sprache unter dem Titel „*Die Symbolik der Bibelsprache*", eine Studie über die Urstruktur und Urerkenntnis der hebräischen Sprache.

1969-1970 Veröffentlichung der persönlichen Kriegserlebnisse unter dem Titel „Kollaboration und Widerstand" (holländisch). Dieses große dreibändige Werk bedeutete für Holland ein Umdenken über das Verhalten einer zivilisierten, an Wohlstand gewöhnten Bevölkerung während eines grausamen politischen Terrors. Diesem Buche wurde der Literaturpreis der Stadt Amsterdam zugesprochen.

1970 Veröffentlichung der Vorlesungen über die mystische Jonah-Erfahrung, wie sie aus alten jüdischen Quellen aufgebaut wurde, unter dem Titel „*Das Buch Jonah*".

1971 Ein kleineres Buch über praktische und allgemeine Fragen unserer Zeit unter dem Titel „*Hat der Mensch noch eine Zukunft?* Eine letzte Chance".

1972 Veröffentlichung von Tonbandaufnahmen der Vorlesungen über „*Die jüdischen Wurzeln des Matthäus-Evangeliums*".
Diese Publikation umfaßt nur den Anfang der Vorlesungen, welche inzwischen auf ein Zehnfaches an Umfang gewachsen sind.

1973 Wohnsitz nach Zürich verlegt.

1974 Veröffentlichung des ersten Bandes von Weinrebs Autobiographie unter dem Titel „*Begegnungen mit Engeln und Menschen. Mysterium des Tuns.* Autobiographische Aufzeichnungen 1910-1936". Weitere Veröffentlichung unter dem Titel „*Leben im Diesseits und Jenseits.* Ein uraltes vergessenes Menschenbild". Dieses Buch ist eine anthropologische Studie aufgrund alter Quellen mit dem Versuch, dem heutigen Menschen Möglichkeiten zum Aufbau eines sinnvollen Menschenbildes zu gestatten. Aus einer Vorlesung entstand ferner ein Buch mit dem Titel

„*Vom Sinn des Erkrankens.* Gesundsein und Krankwerden". Es berührt ein Gebiet, wo der moderne Mensch sehr oft Angst hat, weil er eben dort keinen Sinn erkennen kann.

1969 bis heute — Vorlesungen in verschiedenen Ländern; hauptsächlich in der Schweiz, wo auch regelmäßige Kurse und Symposien abgehalten werden. Diese Vorträge im Sinne von Weinrebs Studien versuchen vor allem einer Antwort auf die Fragen nach dem Warum und Wozu dieses Lebens näher zu kommen.

Eine Auswahl aus den zahlreichen Reaktionen auf Weinrebs Werk macht deutlich, daß man in den Kreisen aller Konfessionen wie auch in konfessionslosen Kreisen spürt, daß Weinrebs Bücher etwas Besonderes an sich haben. Wenn man diese Reaktionen liest, wird es ersichtlich, daß hier ein neuer Weg eingeschlagen wird, ein Weg, der für unsere Zeit von großer Wichtigkeit werden könnte.

Das Werk ist eine gewaltige Leistung... Die Fülle des bearbeiteten Stoffes ist erstaunlich... Den jüdisch-weltanschaulichen Folgerungen, die sich aus dem Buche ergeben, muß man unbedingt zustimmen... Es ist durchaus anzunehmen, daß dieses... Buch bahnbrechend wirken wird.

Rabbiner Dr. E. Munk, Paris

Von nun an wird jeder Forscher... hier seine kühnsten Erwartungen übertroffen finden.

Pfr. J. D. Wuister, Amsterdam

Das Buch kann meines Erachtens noch einen sehr großen Einfluß auf die moderne Gedankenwelt ausüben, ja, von Weltbedeutung werden.

Dipl. Ing A. van Leeuwen, in „Monthly Theosophia"

Meiner Meinung nach kann der... wiedergefundene Schlüssel zu einer Revolution im geistigen Denken führen und damit von unschätzbarem Einfluß für die Zukunft sein.

Polizeikomissar J. Heidema, Dordrcht

Mit wachsendem Staunen und mit Bewunderung habe ich dieses Buch gelesen.

Rabbiner D. Brodman, Amsterdam

Ich bin davon überzeugt, daß das Buch von Weinreb eine entscheidende Wendung im jüdischen wie auch im gesamten westlichen Denken herbeiführen kann, wenn es nach Verdienst gewürdigt wird. Auf jeden Fall ist es ein Werk, das ein Merkstein unserer Epoche ist.

Josué Jéhouda, Genf

Diese unglaubliche Kombination von Traditionalismus mit frischer Vision, die ausgerüstet ist mit dem ganzen Rüstzeug modernster Psychologie, das ist schon zum Erstaunen. Die überwältigende Art, mit welcher er unser Weltbild einerseits erweitert, bis ins Unendliche und doch auch gleichzeitig einengt, so daß es wieder bewältigt werden kann! Gerade dieses Letztere hat unsere heutige Jugend in ihrer Inflationszerissenheit so sehr nötig, und sie wird zweifellos danach greifen... Es geschieht nicht alle Jahre, daß man einen großen Propheten entdecken darf.

Prof. Dr. F. Spiegelberg, Stanford, USA

... es sich um ein außerordentliches Buch handelt, das völlig neue Dimensionen zum Verständnis des Wahrheitsergreifens erschließt... Je länger und tiefer man sich in das Werk von Weinreb vertieft, umso nachdenklicher wird man, ob uns hier nicht doch ein Schlüßel in die Hand gegeben wird, der ganz neue Einsichten vermittelt im Blick auf die Wortwahl und Erzählkunst der Genesis.

Prof. Dr. A. Köberle, München

Tatsache ist, daß dieser großartige, von der Liebe zur Tradition fundierte Versuch nicht ohne Einfluß auf die moderne Bibelexegese bleiben dürfte, auch auf die der Christen.

Prof. Dr. Otto F. Best, die Welt, Hamburg

Der Gelehrte F. Weinreb, dessen Werk „Der Bauplan" Aufsehen erregte, hat vor Kurzem ein neues Buch „Die Rolle Esther" veröffentlicht, das angetan sein könnte, unser Denken über das Fest und seine geistige Grundlage umzuwälzen... Jeder wird durch seine Fragestellung und seine nicht neumodischen, sondern uralten Antworten zum Weiterdenken aufgefordert.

Dr. Hans Lamm, Allgemeine jüdische Wochenzeitung

Für die Neuerschließung ungeahnter Schätze jüdischer Bibelauslegungen gebührt Weinreb großer Dank. Wir hoffen auf weitere derartige Bücher.

W. Schlepper, S. J. in „Theologie und Philosophie"

Und was er über die jetzige „Verborgenheit Gottes", über die innerweltliche „Schwachheit und Wehrlosigkeit Gottes" und über die künftigen endgeschichtlichen Selbstenthüllungen Gottes und die Rehabilitation derer, die jetzt „umsonst" an ihn glauben und sich an seinem Willen orientieren, ausführt, gehört zum Erschütterndsten, was von Gott ausgesagt wurde. Es findet Parallelen höchstens bei Paulus. Das führt uns völlig weg von allen ausgetretenen religiösen und theologischen Pfaden, ja, es wirft uns aus allen geläufigen Denkschemata hinaus in eine von Rätseln geladene Landschaft der Gottesbegegnung. Um jede Ecke schaut uns eine neue Welt an.

Dekan W. Meyer, Küsnacht

Es ist das große Verdienst des gelehrten Verfassers, einer durch den Rationalismus gegrägten Mitwelt Dinge nahe zu bringen, welche *hinter* diesen Dingen stehen, hinter ihnen verborgen sind.

Israelitisches Wochenblatt der Schweiz

... wobei das neue Stockwerk, das er aufsetzt, so verblüffende Zusammenhänge formaler und inhaltlicher Art eröffnet, daß für jeden... die Überraschungen kein Ende nehmen.

Konradsblatt, Karlsruhe

... indem er die Elemente, aus denen die Sprache sich aufbaut, eingehend erläutert und ihre vielfältigen gesetzmäßigen Beziehungen untereinander deutlich macht, eröffnet Weinreb ungeahnte Tiefen und Zusammenhänge...

Dr. Ruth Uhlmann, Tagesanzeiger, Zürich

Ich spüre eine Wirkung, die nicht intellektuell bleibt, sondern den ganzen Menschen berührt, die Leib und Seele erquickt.

Dr. Ruprecht Pflaumer, Heidelberg

... das Jonah-Buch. Ich lese jeden Tag darin: das Geheimnis ist unerschöpflich. Denn letztlich ist es weder Mensch noch Zahl, sondern sowohl abgründiges als auch ganz nahes, wirklich gegenwärtiges Leben.

Prof. Dr. Ferdinand Ulrich, Regensburg

Wenn man bedenkt, daß es in Israel eine eigene Wissenschaft — die Parschanut — gibt, die sich mit der Unzahl von Kommentaren zur Bibel befaßt, ist das vorliegende Werk eines einzelnen um so bemerkenswerter, bemerkenswert auch, weil es allen etwas zu sagen hat: Juden, Christen, Islamiten und Heiden. Vielleicht wird Weinrebs Buch einst neben dem Sohar genannt werden: als eines der Wegweiser auf dem unüberschaubaren Weg zur Erkenntnis.

R. Thomas, in „Die Gemeinde", Wien

In F. Weinrebs Auslegung gewinnt die Schrift eine ungeahnte Tiefe, in der die Umrisse der inneren Struktur der Welt, Sinn des Daseins und Sinn der Schöpfung, sichtbar werden.

Dr. Alexander Gosztonyi, Neue Zürcher Zeitung

... die Frage nach dem „Warum" in allem Geschehen taucht oft an entscheidenden Stellen auf. Sie wird nicht wie sonst meist beiseite geschoben. ... erfährt ein wachsendes Staunen über die Möglichkeiten religiöser Deutungen und Erkenntnisse.

Schwäbische Zeitung, Leutkirch

Ein Buch, das großes Aufsehen machen wird.

Elseviers Weekblad, Amsterdam

Die Bibel von Gott konzipiert, die Bibel, ein Buch vom Ewigen selbst komponiert, worin Gott wahrhaftig sich selber ausdrückt, das ist die überraschende These, von der Weinreb ausgeht. Sein Buch ist ein wahrhaft großartiger Versuch, diese Thesen zu beweisen. Eine Beweisführung, die mit mathematischer Exaktheit vorgeht.

De Telegraaf, Amsterdam

Es entsteht ein neuer Blick auf Welt und Wirklichkeit.

Rabbiner Dr. J. Soetendorp in Nieuwe Rotterdamsche Courant

Eine strenge, in ihrer Art exakt wissenschaftliche Analyse, welche für viele Leute eine Offenbarung sein wird.

Haagsche Courant

Für Interessierte wahrlich ein sensationelles Buch. Der Autor enthüllt ein System, das der Struktur der Bibel zugrunde liegt und so genial ist, daß es mit der harmonischen Struktur des Weltalls vergleichbar ist.

G. Van der Pavoordt, O. S. B. in „Koerier"

Mein abschließendes Urteil: ein faszinierendes Werk. Gut geschrieben und für den Zeitgenossen nicht nur eine spannende Lektüre, es verhilft letzten Endes auch zur wahren Weisheit.

Dr. S. S. Smeding in „Monatsschrift der Freimaurer"

ORIGO VERLAG
Rathausgasse 30
CH-3011 Bern / Schweiz